新訂版

# 非敗の思想と農ある世界

## 苛政下の農業協同組合論

小松泰信 著

大学教育出版

# はじめに

農業協同組合とそのグループ（以下、ＪＡおよびＪＡグループ）は、〝農ある世界〟すなわち農業者とその世帯という「人・家」を、農業という「産業」を、そして農村という「地域社会」をおもな対象として、さまざまな事業や活動に取組んでいる。その果たしている役割や成果は決して小さなものではない。にもかかわらず、その役割や成果の割には正当な評価がなされず、過剰期待の裏返しとも思えるような批判と揶揄《やゆ》にさらされてきた。かく言う私も、ＪＡグループの調査研究機関に就職するまでは、決して好印象を持っていたわけではなかった。それが勤務して半年もしないうちに、自分の無知さに気づかされた。

農業・農村という現場において、組合員の現在と将来に誠実に向き合う役員や職員、そしてその役員や職員を信頼しながら、みずからの責任を果たしている組合員、彼ら彼女らに出会うたびに、ＪＡおよびＪＡグループを存在させ続けている、形容し難き〝価値〟のようなものが了解された。

農業・農村を支えてきたものの一つが、この関係性であるが、悲しいかなその関係性の綻《ほころ》びが目立ちはじめているのも事実である。

「ＪＡ共済の仕組みは、生保・損保の商品と比べて決して劣ってはいません。でもそんなことよりも、組合員さんが暖かく迎え入れてくださるのがなにより違うところです。保険の外務員をしていたときには、パンフレットを直接お渡しできただけでも一歩前進と納得するわけです。ＪＡでは、家の中までフリーパスなのには、本当に驚きました。この関係はすごいことです。でも、職員さんたちの多くが、これが当たり前、と思っているのにはもっと驚きました」

組合員世帯の敷居の低さを語ってくれたのは、嘱託《しょくたく》職員として共済事業に携わっている保険会社の外務員経験者である。この敷居の低さは、当該事業に限ったことではないし、この関係性の上にあぐらをかいてきたＪＡも少なくない。失って初めてわかり、わかったときには取り返しのつかない状況となっているはずである。

本書の鍵概念である「非敗《ひはい》の思想」すなわち敗北することなく残り続けること、さらには勝敗を超越して残り続けることを目指す思想は、この関係性抜きには成立しない。

綻《ほころ》びの病根は広くて深く、ＪＡもＪＡグループも混迷を深め、迷走状態に入っているが、綻びを繕《つくろ》うとともにより強固な関係性を構築していくために、農ある世界において、現在そして将来にわたっていかなる機能を発揮するべきか、冷静に考えなければならない。

# 新訂版にあたって

二〇〇一（平成一三）年以降、ＪＡおよびＪＡグループのあり方について書いてきた小稿を中心にまとめ、二〇〇九（平成二一）年八月に『非敗の思想と農ある世界』（以下、前著と略）を出版しました。

前著をＪＡ職員の研修会におけるテキストとして用いたり、参考図書としてきました。しかし二〇年以上も前の事例などを取り上げた内容は、誤った情報を提供する危険性をはらんでいるため、今回全面的に改訂することにしました。

副題に「苛政《かせい》」という言葉を用いているように、農業協同組合の存在意義を正当に評価することもなく、安倍晋三《あべしんぞう》元首相の号令によって行われた農協改革は、ＪＡやＪＡグループへの誤った理解を流布《るふ》するとともに、そこで働く者たちのプライドを傷つけ、モチベーションを低下させました。もちろん、組合員のＪＡ運営への参画意欲にもマイナスの影響も及ぼしました。

農協改革が、改革ではなく、改悪であったため、「農ある世界」の衰退傾向に好転する兆《きざ》しはなく、三八％しかない食料自給率にも歯止めはかかっていません。

このような時だからこそ、ＪＡグループが協同組合としての底力を発揮しなければ、間違いなく存在意義を問われることになります。

新訂版に込めた願いは、ＪＡグループが捲土重来《けんどちょうらい》を期して、その使命を果たし尽くすことです。そのために、ＪＡ役職員と組合員が心に刻《きざ》むべきことを、話し言葉で書き記すことにしました。なお取り上げた個人の肩書などは初出《しょしゅつ》時点のままとしました。ご了承ください。

新訂版が、前著以上に一人でも多くの方の目と心にとまり、農業、農家、農村、そしてＪＡという「農ある世界」の再興《さいこう》に役立つことを心より願っています。

最後になりましたが厳しい出版事情の中、新訂版出版の機会をご提供いただいた株式会社大学教育出版に、厚く御礼申し上げます。

二〇二四年三月

小松泰信

# 新訂版　非敗の思想と農ある世界

——苛政下の農業協同組合論——

## 目次

# 第一章 「農は国の基《もとい》」、そして農業協同組合の位置

## 一 農村社会の二層構造 ―「基層領域」と「表層領域」―

まず農業協同組合（以下原則としてJAとする）がよって立つ農村社会の構造についてみることにします。

参考にしたのは生源寺眞一《しょうげんじしんいち》氏（東京大学名誉教授）の著書（『農業と人間』岩波書店、二〇一三年一〇月）です。その「第5章　変わる農業　変わらぬ農業」において、「日本農業、とりわけ水田農業は二層の構造として成り立っている。二階建てなのである。（中略）上層は市場経済と濃密に交流するいわばビジネスの層であり、できるだけ有利に生産資材を確保し、生産物をできるだけ高値で販売するように努める点で、製造業やサービス業と変わるところはない。

一方、基層にあるのは地域のコミュニティの共同行動であり、共同行動を通じて農業の生産基

盤が維持され、毎年の農業生産に必要な資源も調達される」（一六三頁）と記されています。

生源寺氏は「上層《じょうそう》」「基層《きそう》」と表現されていましたが、「基層」に対応するのは「表層《ひょうそう》」だろうと考えるとともに、もう少し内容を肉付けし、「基層領域」「表層領域」と名付けて、図1を作成しました。

「基層領域」には農地があり、そこに住む人びとは農業を営みながら、河川や里山などを保全したり、地域コミュニティを形成し、共同して神事やお祭りなどの伝統文化を育《はぐく》みます。さらには、消防団活動など防災にも努めます。「基層領域」は、地域資源というストックを中核においた土台中の土台です。「国土の保全、水源のかん養、自然環境の保全、良好な景観の形成、文化の伝承等農村で農業生産活動が行われることにより生ずる食料その他の農産物の供給の機能以外の多面にわたる機能」（「食料・農業・農村基本法」第三条、一九九九年）と定義される「多面的機能」の源泉《げんせん》が内包されたストックです。古くから言われてきた、「農は国の基」という言葉は、このことを意味していると私は考えています。加えて、農家実行組合や農家組合などと呼ばれる集落組織からなる生活の場でもあるわけです。

農業は産業であり、経済行為でもあります。農業は、基層領域にストックとして賦存《ふぞん》する資源を活用して営まれます。農業を経営するに際して、一方では農畜産物を生産するために各種生産資材を購入しなければならず、他方では生産物を販売しなければなりません。そのため、食料生産販

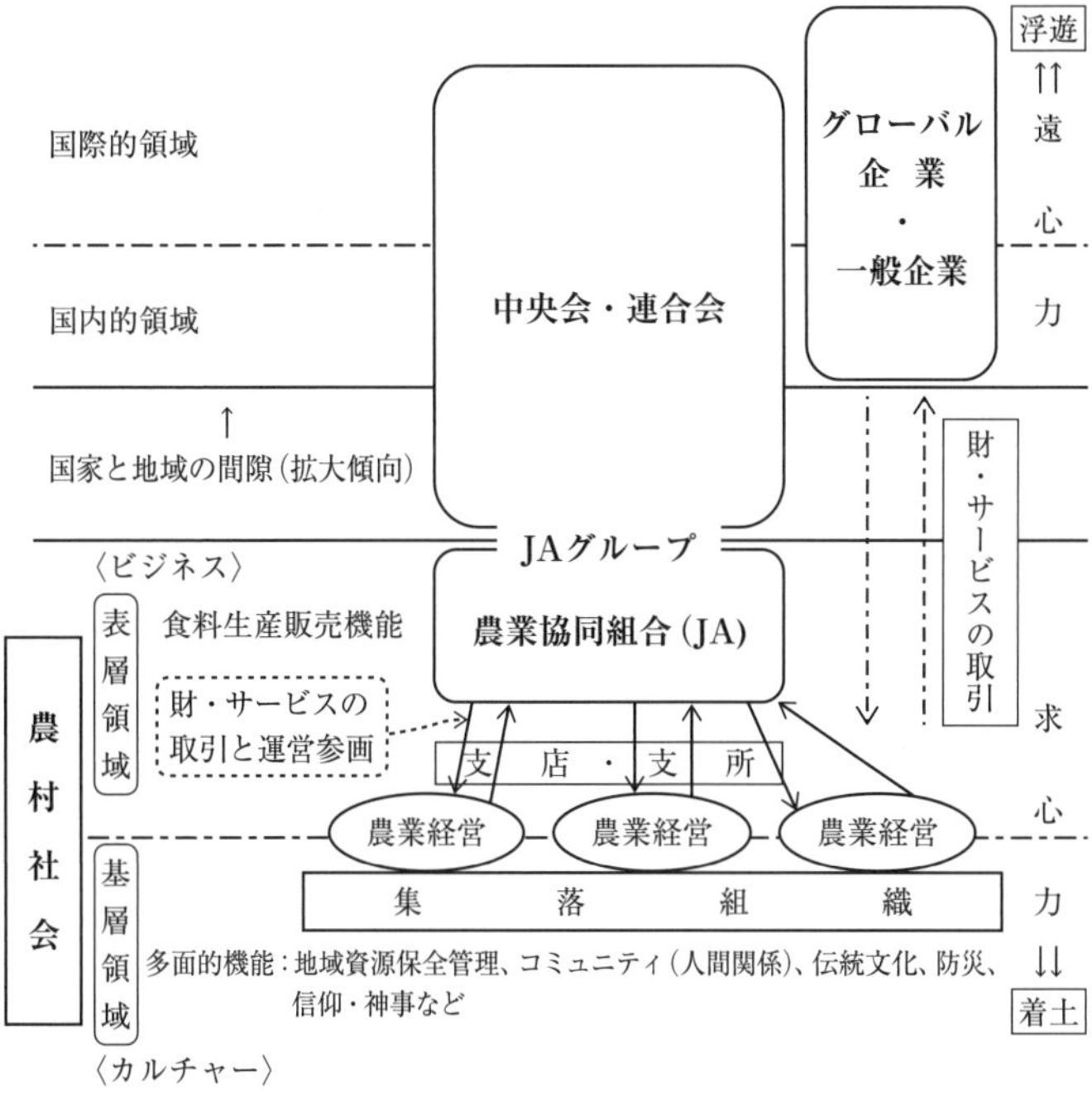


図１　農村社会の二層構造と農業経営およびJAの位置

売機能を担う事業体として、農家や地域の人たちの出資により農業協同組合（ＪＡ）がつくられます。このような農村社会のビジネスを中心としたフローの領域が「表層領域」です。ＪＡはそこに位置し、組合員の運営参画を得ながら、組合員の営農と生活に必要な多種多様な「財・サービス」を供給することになります。

農業協同組合法第一〇条には、ＪＡが行える事業として、営農指導、信用事業（貯金や貸付等）、購買事業（必要物資の共同購入・供給）、販売事業（生産物の共同販売）、共済事業（協同組合保険）、利用事業（営農・生活関連施設の設置および利用）、厚生事業（保健や医療に資する施設の設置および利用）、加工事業、宅地等供給事業等々が列挙《れっきょ》されています。

「農業経営」は、「基層領域」と「表層領域」をまたぐことで、両者をつなぐ役割をも果たしています。

「表層領域」は農村社会のフローの領域ですが、食料生産販売機能の多くは農村社会で完結するのではなく、国内外のさまざまな領域とつながる必要性が出てきます。そこで、農村社会の外側に中央会と連合会が設立され、ＪＡグループを形成することになります。

付言《ふげん》すれば、それぞれのＪＡがすべての事業を自己完結的に行うことは困難です。スケールメリットの実現や、補完機能を発揮することで効率的な事業運営を行うために、主要事業ごとに都道府県段階や全国段階に事業別連合会（事業連）、具体的には、全農、農林中金、共済連、全厚連等々を設けて、ＪＡと連合会による事業組織を形成します。ＪＡと連合会の組織・事業・経営の指導、監査、教育、農政活動などを行うのが中央会（全国段階が全国農業協同組合中央会、略して全中）です。

若い頃の私は、「基層領域」を、ある面では非民主的な農村社会の後進性のようにとらえて、改善していくべき対象と思っていました。と言うのは、そこには良いことばかりではなくて、「基層領域」を支える無償《むしょう》の行為もありますし、人間関係のわずらわしさもあるからです。しかし、その「基層領域」のおかげで農業という営みが成立し、農業という営みがあるがゆえに「基層領域」も維持でき、持続的に多面的機能を発揮することが可能となるわけです。

このように、「基層領域」の存在を明確に認識することで、農業や農村社会を正しく把握することが可能となります。

## 二　「着土《ちゃくど》」と「浮遊《ふゆう》」

農村社会、とりわけ「基層領域」と人や組織の関係のあり方については、祖田《そだ》修《おさむ》氏（京都大学名誉教授）による「着土」という創造的概念から多くの示唆《しさ》を受けました。

氏の著書である『着土の時代』（家の光協会、一九九九年）のはしがきには、「自然に抱かれ、自然に教えられ、自然に叱《しか》られ、自然のままに生きることを、素朴な『土着《どちゃく》』の生活世界というならば、それはもはや過去の叶《かな》わぬ夢であろうか。文明が進むとともに、土の匂いや温《ぬく》もり、大地、自然の恵みから遠ざかり、鉄やコンクリート、アスファルトなどの硬質の人工世界に住まうようになった。そしていつの間にか、物的欲望の魔性にとらえられ、行きすぎた個への分断と社会のひずみを増幅させてきたのではあるまいか。

もはや自然のままの土着の生活を失ってしまった私たちは、自覚的に土に着く以外、文明世界が失ったものを取り戻すことはできないのではないか。自覚的に土に着くこと、つまり『着土』こそ現代社会の諸問題を解決する糸口となるのではないだろうか。二一世紀は、大地・自然・農業・農村をベースにした新たな文化・文明形成の世紀であり、着土の時代となろう」（傍点小松）と記されています。

さらに氏による『着土の世界』（家の光、二〇〇三年、三二頁）においても、「『着土』は、『土着』を逆転させた造語である。私たちはここまでくれば、もはや自然に抱かれ、自然に叱られ、自然とともに、ただ無心に暮らすことは不可能になっている。いわば土着の時代に戻ることはできない。だからこそ、ますます自覚的に土に着くこと、つまり着土によってしか、二一世紀再生の基盤を築くことはできないと考える」と記しています。

現在、「農ある世界」がおかれた厳しい状況を総合的に考える時、農村に居住し農業を営む人びとは「着土の民」であり、ＪＡは「着土の事業体」と呼ぶに値いするものといえます。そして、「基層領域」との関係でいえば、「着土」とは「基層領域」に自覚的、積極的、そして直接的にかかる行為であり状態といえます。

他方、「基層領域」とはまったく無縁なところに位置するのが一般企業、さらにはグローバル企業です。とりわけグローバル企業は、世界中の「基層領域」には何の配慮もせずに、利益第一で世界を「浮遊」する存在です。餌場《えさば》をさがすハゲタカのように、儲けるだけもうけて、あとは野となれ山となれです。一般企業も「基層領域」への配慮はないといっても過言ではありません。

国際化、グローバル化が喧伝《けんでん》され、国に強い遠心力が働いているときにこそ、国の自立的安定性をもたらす求心力が求められます。「着土」の実践者、実践事業体こそが、国家的な求心力をつくりだすのです。

このような視点から農業や農村、農業者、第一次産業を捉え直すとき、「基層領域」や「農ある世界」の重要性がますます鮮明になります。

## 三　多面的機能と補助金

先ほど「基層領域」は、「多面的機能」の源泉が内包されたストックであり、農業の営みを通じて多面的機能の保全や発揮が担保されていることを述べました。図2には、第一次産業が営まれることによって産み出される多面的機能が示されています。

多面的機能を考えるときに忘れてはならないのは、これらが市場では取引きされない無形の機能だということです。そのため、わが国において多面的機能の発揮や維持のために不可欠な労働については無報酬でした。

二〇一五年に多面的機能発揮促進法が施行《しこう》され、「多面的機能支払」（地域住民と共同で担う草刈りや水路の補修などが対象）、「中山間地域等直接支払」（地域に着目）、「環境保全型農業直接支払」（有機などの生産方式に着目）の三本柱で、日本型直接支払制度を構成しています。二〇二三年度の交付額は「多面的機能支払」四八七億円、「中山間地域等直接支払」二六一億円、「環境保全型農業直接支払」二六億円、合計七七四億円。二三年の全国の耕地面積（田畑計）は約四三〇万ヘクタール。大雑把《おおざっぱ》な試算ですが、一ヘクタール当たり一・八万円しかありません。

よく農業に対して「補助金のバラまき」といいますが、それは違います。国土は「基層領域」

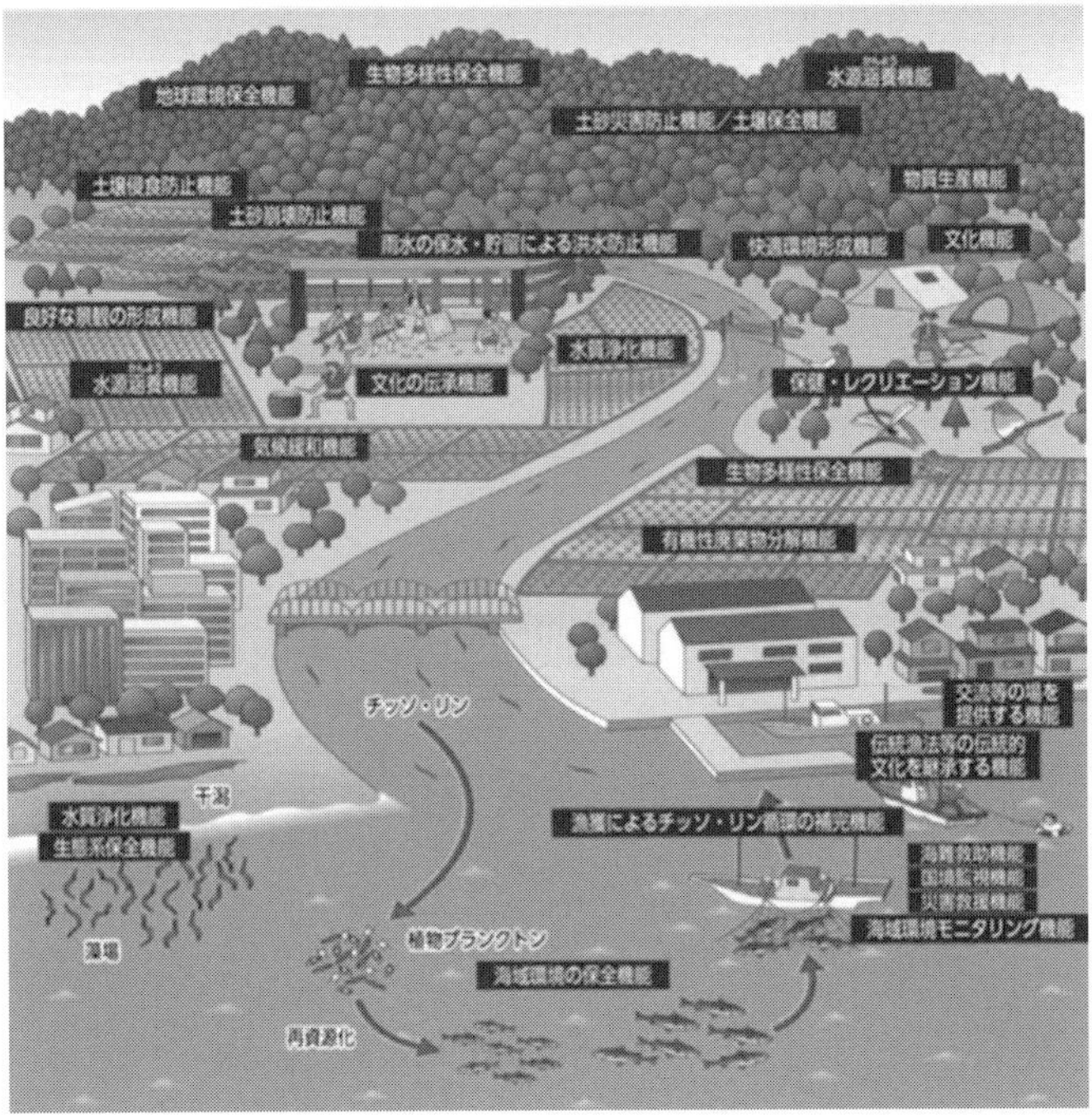


図２　農業・森林・水産業の多面的機能

出所：『2017（平成29）年度食料・農業・農村白書』農林水産省（2018年5月22日）、202頁

を土台に成立しています。それを支える農林業が、セーフティネットとしてありつづけることこそ求められねばなりません。そのために必要な支援、適切な予算措置は広くかつ厚く行うべきなのです。農業は、食料生産という意味でのセーフティネットであると同時に、多面的機能の発揮による国の安定性、社会の安定性のためのセーフティネットです。それなのに、農業への支援を「バラマキ」という表現で否定する意見が少なくないことは、大変由々《ゆゆ》しいことです。

補助金をもらうと競争力がつかないとか、やる気が起きなくなるという事実に基づかない見方ではなく、食料の供給や価格を保障するとともに、国土の保全、豊かな生活環境を提供するために必要な対策をとることは当然のことだという見地が重要です。かつて食糧管理法があった時のように、生産者には再生産を保障し、消費者には適切な価格で提供する。逆ザヤについては国が埋めていくという、それくらいの考え方が基本的な部分では絶対に必要です。

## 四　岩盤規制の存在意義

安倍晋三元首相は「岩盤にドリルで穴を開ける」と豪語し、「規制緩和」が当然であるかのように演説しました。

「基層領域」は岩盤にあたりますから、これを守り抜くには、容易には手を付けさせないための「岩盤規制」が不可欠なのです。農業における一番の「岩盤規制」は農地法です。農地の荒廃《こうはい》を防ぐために一定の条件の下でしか株式会社の農地取得を認めてこなかったのも、この農地法があったからです。

ところが、いま「規制緩和」というドリルで穴を開け、農地が大型の流通施設に転用されることも起きています。しかし、この施設がなくなってしまったとき、簡単には元の農地には戻れません。私はこれを「転用農地の不可逆性《ふかぎゃく》」と呼んでいます。それだけに、食料生産における貴重な生産要素である農地を守るためには、規制は岩盤にならざるをえないのです。

時代とともに規制が必要でなくなるものもあるでしょう。しかし、こと生命や食料、国の安全保障にかかわるものについての規制は強化するべきであり、「岩盤規制」でなければならないのです。「岩盤規制」が悪いことであるかのようにメディアを使って印象操作がされていますが、壊してはいけないから「岩盤」になったわけです。

規制を緩和する際に重要なことは、規制がなぜ決められたのか。その必要性について明らかにしたうえで、規制の必要性がいかにして、あるいはどの程度解消されたのか、加えて、緩和しても問題がないという理由などを明らかにしなければならないはずです。

「規制緩和で競争力強化を」と言ったフレーズを見聞きする時、私は、二〇一六年一月一五日に起こった、未来ある学生の命を奪った軽井沢夜行スキーツアーバス事故を思い出します。この事故の根本には「規制緩和」がありました。

貸切バス事業は二〇〇〇年から規制が緩和され、参入が免許制から許可制となり、運賃なども自由化されました。競争させようとしたわけです。その競争とは、コストダウンの競争です。そしてコストダウンのために、安全・安心のハードルを下げていくことになります。その結果、運転手の労働条件が切り崩されるなどして、貸切バスの事故が相次ぐという取り返しのできない事態を招きました。「規制緩和」による競争原理の導入は、コストダウンと安全・安心の切り捨てにほかならないのです。

「規制緩和」が必要と考える人たちには、禍根《かこん》を残すことをしている可能性はないのか、と熟慮《じゅくりょ》が求められます。前述した「転用農地の不可逆性」があるがゆえに、食料を生産したり、地域の環境の循環系の中に存在する貴重な資源として、農地は基本的には維持していかなければならないはずです。農地法を変えて、企業が参入し農業をやるといいますが、農業は企業の生産性や収益性とはまったく違う世界です。参入した企業は収益が上がらなければ撤退し、耕作放棄地となることは明らかです。さらに、そういう荒れ果てた耕作放棄地を産廃《さんぱい》業者が購入して産廃ゴミの捨て場所にするなど、さまざまなことが起こり、取り返しのつかない国土になります。

「岩盤規制をドリルで壊す」ことは、不遜《ふそん》極まりなく、取り返しのつかないことです。農地という役割から考えるなら、抑制的に、冷静に、ブレーキを踏みながら考えていく、そういう慎重な姿勢こそが絶対に必要です。

## 五　地域に根ざしてこそＪＡ

ＪＡを「表層領域」の事業体としてだけで見ることには危《あや》うさがあります。「地域に根ざすＪＡ」とよく言いますが、「着土の事業体」である以上、そもそも地域に根ざさざるを得ない組織なのです。

さらにいうと、営農指導や農業振興を進めること自体が、「基層領域」はもとより、「表層領域」をも確固たるものにしていきます。良い営農指導というのは、作物の育成だけではなく、消費動向や、家庭消費用と業務用（実需者）では扱うものにどのような違いが必要なのかまで指導していくものです。観賞用の花卉《かき》（花の咲く草）であれば、品種の提供や来年、再来年の流行色の情報の提供など、つくり方だけではなくて、経営に役立つ情報を分析して伝えます。そのことが「表層領域」を強化するのです。実際にそういう営農指導が各地で実施されています。指導員は、いまの難しい時代にがんばって営農指導をしているから、農家の信頼も得ているわけです。

同時に、「基層領域」とのかかわりなども、農業協同組合関係者は自信を持つ必要があります。もちろん、このような見方は農業関係者だけでなく、一般市民・国民にも求められます。なぜなら、国民に大きな影響力をもっているグローバル企業や大企業は、このような視点をもたず、儲けだけを価値として押し出して、「基層領域」などという面倒なものは必要ないという考え方を流布しているからです。それだけに、「基層領域」を重視する視点からもＪＡを再認識するべきです。そしてＪＡの役職員はその責任をまっとうすべきなのです。

# 第二章 —— 農業の「強さ」をどこに求めるべきか

## 一 いわゆる「強い農業」の問題点

政権与党や財界は、「強い農業」「競争力強化」というスローガンを喧伝し、第二次産業、第三次産業の論理を第一次産業に当てはめようとしています。結論を先取りすれば、それは間違いです。国民を食料で困らせないという、第一次産業とりわけ農業の使命を考えると、第二次産業、第三次産業の利益本位の論理による強さではなく、一方では地域に根を張った根強い農業、他方では国民はもとより、日本の食料を評価する外国の人びとの心身にしっかり溶《と》け込み根を張った農業、この二つの意味での根強い農業を目指すべきです。なお、心身に溶け込む農業については、本章末の補節をご参照下さい。

経済学において、「ペティの法則あるいはペティ・クラークの法則」というものがあります。

「国民所得水準の上昇に伴って、一国の産業構造が、第一次産業から第二次産業、第二次産業から第三次産業へ、その比重を移していくという経験法則」です。

農業問題を考えるときに、国が経済成長・発展していくにあたって、土地、労働力、資本という生産の三要素が、第一次産業から第二次産業、第三次産業に移っていき、国が豊かになるという考え方です。

土地を例に上げれば、かつて水田や畑があったところにマンションや大型スーパー、企業が来るということです。反対にこの法則では、大型スーパーや企業があったけれども、今はいい果樹園になったということは想定されません。経済の成長ということを理由にして、生産要素を第一次産業から第二次産業、第三次産業に供出させることを根拠づけるものでした。大切な生産要素の供出を強要された産業が強くなれるはずがないでしょう。「強い農業」を喧伝したいのであれば、まず、供出した土地、労働力、資本を全部返してからにしなさい、と言いたいところです。

「強い農業」に関して、内田樹《うちだたつる》氏（神戸女学院大学名誉教授）は、『「農業を株式会社化する」という無理　これからの農業』（家の光、二〇一八年）で極めて興味深い論を展開しています。

まず、「農業というのはそれ自体が『弱い』ものだということをどうも『強い農業』を語る人たちには理解できていないようです」と、嘆《なげ》きます。

そして、「そもそも農業の規模や収益は、ＧＤＰ（国内総生産）が一〇倍になったからといって、それに合わせて一〇倍になるというものではありません。（中略）それは農作物には人間の消化器官の容量の限界と『腐ると食えない』という消費期限の限界があるからです」として、農業が「弱い」理由を示した上で、「農業の存在理由は人間を飢えから守ることです。それに尽くされる。（中略）『食えればいい』のです」（九頁～一〇頁）と教えています。

「アメリカもEU（欧州連合）も農家に対する政府の補助は手厚い。市場に任せたりはしていない。『国民を飢えさせない』、それが政府の第一の仕事です。『強い農業』というような『贅沢《ぜいたく》な話』はその後のことです」（一六頁）と、明快です。

さらに、「農業を営利《えいり》事業にした場合には、確実に商品作物のモノカルチャーになります。費用対効果が一番高いからです。国内の食文化を均質化し、日本中で全員が同じものを食べるように仕向けることが資本主義的には最も合理的なのですが、食料安全保障の面から言うと、そういう仕組みが最も飢餓《きが》に対する耐性が弱い」として、「資本主義的に『強い農業』は飢餓に『弱い農業』にならざるを得ないのです」（一九頁）と記しています。

加えて、アメリカ農業をモデルとする姿勢に対し、その特殊性を整序《せいじょ》し、批判しています（二二頁から二五頁）。

第一には、巨大な無主《むしゅ》の土地があったこと。ネイティブ・アメリカンはいましたが、狩猟民《しゅりょうみん》で「土地を所有する」という概念を有していませんでした。入植者たちは先住民を追い払い、そこを私物化することで、大規模農業を実現できたわけです。

第二には、奴隷労働が農業労働を支えたこと。

第三には、一九〇一年テキサス州スピンドルトップで油田が見つかり、エネルギー源を確保したこと。

これらの条件があればこそのアメリカ農業です。他方、日本には、どれ一つとしてありません。ゆえに、「アメリカの産業モデルが適用できるはずがない。（中略）日本固有の農業のかたちを目指すべき」だと、教えています。

## 二　家族経営の重要性

開発途上国の飢餓や貧困を強く意識し、家族農業を有効な克服策に位置付けた国連は、二〇一九年から二八年を国連「家族農業の一〇年」として定めました。残念ながら、豊かな国日本において、家族農業は正当に評価されていません。

家族経営において、農地と資本の多くは家産《かさん》的性格をもち、労働力のほとんどを家族が担っています。生活空間と生産空間も同一の地域社会。この「生活と生産の一体性」が家族農業の企業形態的特質です。ところが、農業の成長産業化を金科玉条《きんかぎょくじょう》とする人たちは、「生活と一体化している」から小規模で非効率かつ不安定な経営」となるとして、生産を生活から分離させ、企業の論理に基づいた経営体に転換することを迫ってきます。

この考えに依拠したわが国の農業政策は、「効率的・安定的な農業経営」の育成指針に立ち、大規模化・企業化に注力してきました。しかし、農水省資料では、農業経営体に占める家族経営体の割合は、日本が九七・六％（一五年）、欧州共同体（ＥＵ）が九六・二％（一三年）、米国が九八・七％（一五年）です。まさに世界中の農業は、家族農業で担われているわけです。

その理由の核心は「生活との一体性」にあります。家族農業は、生産した食料を自家消費し、かつその営みを通じて「多面的機能を創出」し、良好な生活環境づくりに貢献します。これこそが家族農業の存在意義です。

確かに中小規模の家族経営が、家産の増減、働き手の能力や家族周期などに左右されることを否定はしません。しかしこの問題は、多数かつ多様な家族農業が、国中にあまねく存在することで補われ克服されるわけです。そのために不可欠なのが、「家族農業を守り育てていく」という理念に裏打ちされた農業政策です。生活と一体化した家族農業の底力を軽んじるべきではありません。

ところが、わが国の農業政策は一貫して家族経営や中山間地などの小規模なものを切り捨てて、農業生産の中核的な担い手として、大規模な法人経営や企業的経営を位置付けています。その結果、日本の農業は一握りの大規模経営は増えていますが、小規模農家は減り続けています。

その大規模経営も矛盾《むじゅん》に直面しています。北海道の農業は、「傷だらけの優等生」と評されることがあります。国の農政に合わせて大規模化を誠実にやってきたけれども、必ずしもうまくはいっていないと言うことのようです。

その北海道でがんばっている中堅農業者が、「農業が好きで親の後をついで一生懸命やった。離《り》農《のう》する友だちの畑を譲り受け、規模をどんどん大きくしてやってきた。でも振り返ったら周りに誰もいなくなった。自分が通っていた学校は廃校になり、自分の子どもたちは遠いところへバスで通わざるを得なくなった。地域を廃《すた》れさせるために農業をやってきたのではないが、どう表現していいものか」と、苦しくて複雑な胸中《きょうちゅう》を吐露《とろ》されたことがありました。

農業や家族経営の重要性を理解していなければ、小規模よりも大規模が効率的かのように思えるかもしれません。少なくともわが国の農政で、小規模の農業が日本中にあっていいという政策はとられてこなかったし、そういう見方もなされてきませんでした。

しかし、あまりに大規模化だけを追求した結果、離農が相次ぎ、地域に農家（農業経営体）がわずかしか存在しなくなった時、北海道の中堅農業者が語るように、「基層領域」が守れないという事態が生じるのは明らかです。農業経営の大規模化が、子育てと地域社会に暗い影を落としていることから目を背《そむ》けるべきではないのです。

## 三　食料自給率三八％をどう乗り越えるべきか―米の多角的活用がポイント―

多面的機能の発揮・保全とともに、食料としての農畜産物の生産が農業に課せられた重要な使命です。しかし図3に示すようにわが国の食料自給率は、二〇二一年時点で三八％にまで落ち込んでいます。一九六五年には七三％もあったわけですから、その落ち方は異常といわざるをえません。あえて言うと、上げる努力を積極的には行ってこなかったわけです。

図を詳しく見ることにします。

濃アミの部分が自給、白い部分が輸入、そして薄アミの部分が畜産の輸入飼料《しりょう》です。たとえ日本生まれで日本育ちの牛・豚・鶏でも飼料が外国産であれば、それによって供給される熱量は自給にはカウントされないことにご注意ください。

各年度の積み上げ棒グラフは、供給熱量に示す各品目の割合を示しています。横幅は自給状況を示しています。例えば一番下の米は、一九六五年には、供給熱量の四四％を占め、一〇〇％自給でした。それが、二〇二一年度には供給熱量の二一％で、自給率は九八％になりました。

食料自給率を向上させるためには、輸入と輸入飼料をいかにして自給するかということになります。

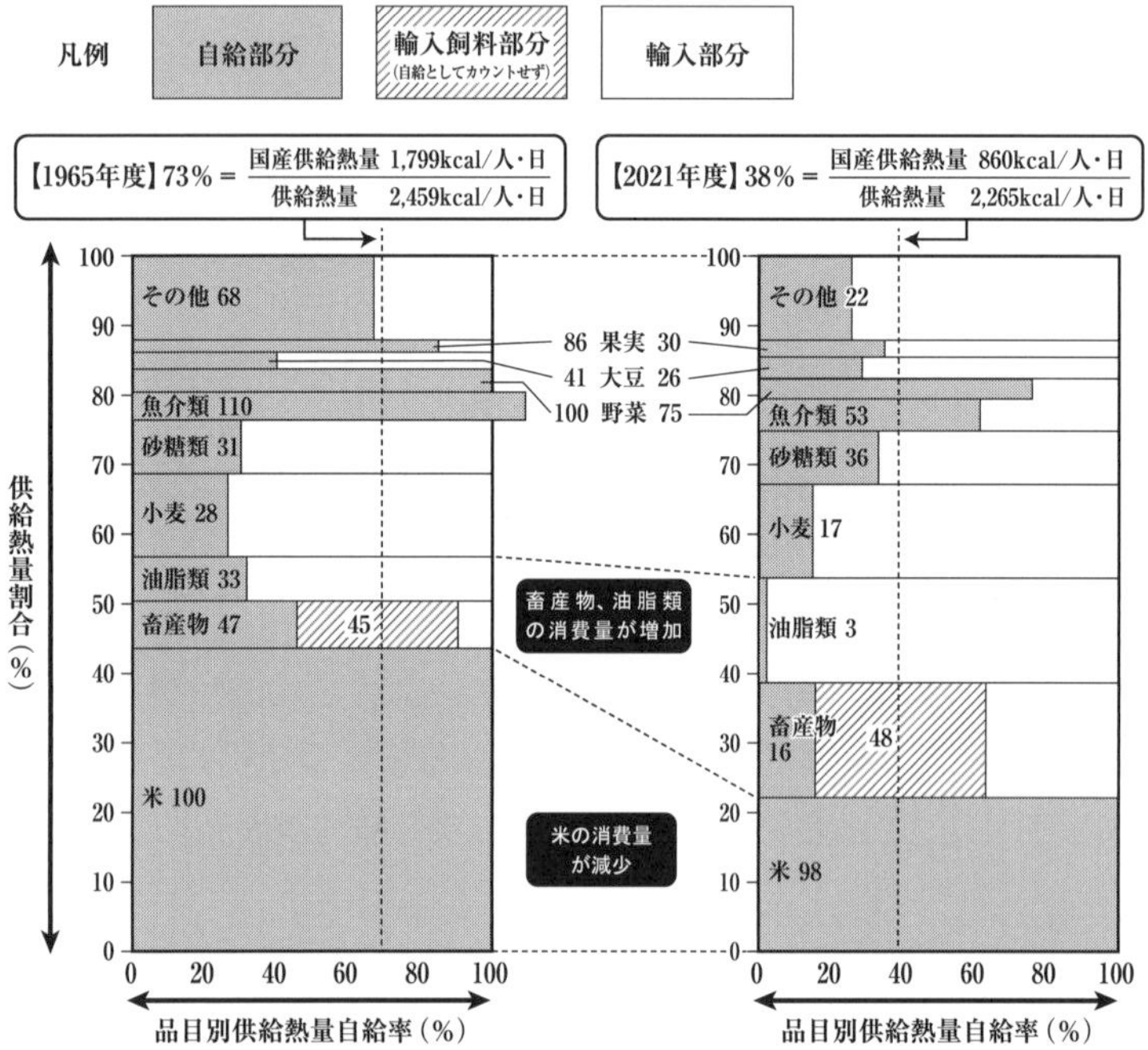


図３　1965（昭和40）年度と2021（令和３）年度の食料消費構造の比較

出所：『2022（令和4）年度食料・農業・農村白書』農林水産省（2023年5月26日）、61頁

まず取組まねばならないのは、飼料米生産によって畜産のエサを自給することです。これによって、畜産農家における飼料調達の選択肢が増えます。国産飼料ですから、食料自給率はアップします。稲作農家も稲作技術を駆使《くし》して、堂々と米づくりに励めます。そのことで、水田を維持することが可能となります。当然水田に由来する多面的機能を保全し発揮することが可能となります。そのためには、飼料米生産農家に対する補助金を適正に交付することが不可欠です。

　このことと関連してきますが、三％しか自給できていない油脂《ゆし》類の自給も焦眉《しょうび》の課題です。『二〇〇九年度食料・農業・農村白書』（二〇一〇年六月一一日、四四頁）の「コラム：食料自給率向上と米油」は次のように記しています。

――我が国の供給熱量ベースでの食料自給率が低い理由の一つとして、供給熱量の一五％程度を占める油脂類の自給率が三％（うち植物油脂の自給率は二％）にすぎないことがあげられます。現在、我が国で供給される油脂類の大部分は、大豆油、なたね油となっていますが、これらの原料は、そのほとんどを海外に依存しています。

　昭和四〇年（一九六五年）ごろ、我が国の油脂類の自給率は三一％（うち植物油脂の自給率は一九％）となっていました。食生活のなかで油脂類の消費量そのものが小さかったという事情もありますが、国内産原料を用いた植物油の生産は一二万ｔを超え、これを大きく支えていたのが「米油」でした。「米油」は玄米が精米される工程で取り除かれる「米ぬか」から抽出される油です。通常は、玄米から精米にされる過程で玄米の一〇%程度の「米ぬか」がとれ、「米ぬか」からは一七%程度の油が抽出されるといわれています。

現在、国内で生産されている「米油」は、国内の食用植物油供給量の三%（六万t）程度にすぎませんが、優《すぐ》れた酸化安定性があり、フライ製品の品質を長く保つ油として高く評価されており、ポテトチップスや揚げせんべい等に用いられています。さらに、コレステロールの吸収を抑制する植物ステロールを多く含んでいるとされています。

このため、「米油」の需要は強く、製油業界の生産意欲も高いものの、米の消費減に伴い「米ぬか」の発生量が大幅に減少して需要・供給の双方の希望に応えられていないのが現状です。すなわち、米消費の拡大は、植物油の自給率向上にもつながる問題なのです。

今後の国産の「米油」の供給拡大に当たっては、現在、きのこの培地《ばいち》、飼料用、漬物用等様々な用途に仕向けられている「米ぬか」を油の原料としていかに安定的に調達できるか、米の需要増を通じた米の生産増により「米ぬか」をいかにふやしていくか等が大きな課題となります。

これらの課題が解決できれば、輸入米油（三万t程度）との置き換えが進み、国産の「米油」が増加することにより食料自給率の向上に寄与する可能性があります。——

これらを総合すると、米は、人間の食料であることに加え、家畜の飼料として自給率の向上と畜産経営に貢献します。さらに米ぬかは米油の原料となり油脂類の自給に貢献します。また、粒食《りゅうしょく》だけではなく、粉食《ふんしょく》としての米粉《こめこ》は、小麦粉の代替食品となることで、自給率の向上に貢献します。米の持つ可能性を最大限活用することで、食料自給率の向上はもとより、水田の維持と活用を通じて多面的機能の保全と発揮にも大いに貢献することになります。

この他、中山間地に増加する耕作放棄地に食用油の原料になる植物、例えば、ナタネ、ヒマワリ、ゴマなどを栽培し、それらの種子から搾油《さくゆ》することも考えるべきです。

実際にＪＡ女性部や農民運動全国連合会（農民連）の方々が、商品化に取組んでいます。ただし、大量生産でないため高価格になっていますが、まとまって取組むことでコストダウンは可能といえます。

もちろん、麦類や豆類の単収向上や二毛作や水田裏作の拡大などがこれからも取組まれなければ、食料自給率が向上することは難しいでしょう。

私は、少なくとも国民の基礎代謝《たいしゃ》量を自給することが、国としての責任だと考えています。基礎代謝量とは、体温維持、心臓や呼吸など、人が生きていくために最低限必要なエネルギーのことです。生きているだけで消費されるエネルギーで、一日に消費するエネルギーのうち、約七〇％を占めているといわれています。基礎代謝量は年齢で異なりますが、成人（三〇歳から四九歳）の男子が一五三〇キロカロリー、女子が一一六〇キロカロリーです。二〇二一年度の国産供給熱量は八六〇キロカロリーですから、国としての責任を果たしていないことは明らかです。悲しいかな、国産供給熱量で基礎代謝量を賄えているのは、三歳未満男子と五歳未満女子だけです。

繰り返しますが、わが国は供給熱量の六割以上を他国に依存しています。相手国が自国の国民を飢えさせてまで輸出するとは考えられません。どんなときでも国民の基礎代謝量くらいは自給できるようにするのが国の責任です。「農畜産物の輸出」に力を入れていますが、輸出に目を向けるのは国民の基礎代謝量を充足してからの話です。

## 補節　心身に溶け込む農業

毎年のことではありますが、「一年の計は元旦にあり」とお屠蘇《とそ》気分で立てた今年こそはの誓いも、いつの間にやら反故《ほご》となり、また今年も心を入れ替えることができなかった、と自己嫌悪《けんお》に陥《おち》いる人も少なくないでしょう。

なぜ人間にとって心を入れ替えることはこんなに難しいことなのか、そのヒントを与えてくれるのが、西原克成《にしはらかつなり》氏による『内臓が生みだす心』（ＮＨＫブックス、二〇〇二年）です。著者は、学生時代、故三木成夫《みきしげお》氏による〝生命の形態学〟を学んで以来、脊椎《せきつい》動物の進化を独自に解明する中から、高等生命体は腸にはじまり、その腸管がエサや生殖《せいしょく》の場を求めて体を動かすところに心の源があること、つまり、腸管内臓系が、生命の本質である新陳代謝《しんちんたいしゃ》と生殖を支えるエネルギー源の酸素と食物の消化・吸収の器官であり、生命の心（本質）つまり命の源の器官であることに到達しました。

そしてその到達点は、今日の「脳」中心の人間観を見直すことの必要性、さらには、脳死を前提とした臓器移植への重大な問題提起へとつながっていきます。なぜなら、「腸が生きているかぎり、そのヒトは生きている」からです。そしてわれわれに、内臓がかわらないかぎり、そうそう人は心を入れ替えることができないことをも教えてくれています。

考えてみればわれわれは、内臓を心と捉えた数々の言葉を用いています。心から信頼できる人を「腹心《ふくしん》」、心の奥底の意味で「肝胆《かんたん》」、きわめてつらく悲しいことを「断腸《だんちょう》の思い」等々とその多さには改めて驚かされます。ちなみに、「腑《ふ》」を国語辞典で引くと、はらわたに続いて、「心。また、心の働き」と記されています。確かに、胃の調子が悪いと顔は曇《くも》りがちになるし、腹が減るとたんに不機嫌《ふきげん》になる人も少なくありません。もちろん美味《びみ》なるものを食したときの、あのえも言われぬほどの豊かな気分も、内臓にこそ心があることを証明するものでしょう。

先に紹介した三木氏は、「内臓の感受性《かんじゅ》が鈍くては世界は関知できない」として、内臓の感受性を鍛え上げる必要性を説いています（『海・呼吸・古代形象』うぶすな書院、一九九二年）。その内臓と常に接しているのが食物です。そして、その食物の生産にきわめて密接な関係を持っているのが農業です。

近年、農業のもつ教育力が注目され、食農教育の必要性が各方面から指摘されています。さらに、食の安全と安心の確保の観点からあらゆる施策《しさく》を見直している農林水産省は、「食育」活動の推進に積極的姿勢を示しています。

この追い風を受けて、地産地消《ちさんちしょう》やスローフードという掛け声が、今以上にあちこちから聞こえてきそうです。しかしそれを国産品愛用運動や、プチハピネス（小さな幸せ）を追求する単なるブームで終わらせてはいけません。なぜなら、一つ間違うと心をもてあそぶことになりかねないからです。

農業者とＪＡグループは、われわれの心と親和《しんわ》性が高く、その感受性を高めてくれる、そんな農畜産物づくりを肝《きも》に銘じなければならないと考えますが、腑に落ちられたでしょうか。

# 第二章　――「非敗の思想」と事業戦略

## 一　非敗戦略の枠組み

### （一）戦略とは何か

まずは、農業協同組合にとって戦略とは何か？　この問題からお話ししたいと思います。

私は一九八三（昭和五八）年から六年間、長野県農協地域開発機構という長野県のＪＡグループだけの資金で設立した、今思えば画期《かっき》的な調査研究機関に在職していました。学生・院生時代には農業協同組合に関しては真正面から取り組んだことのない素人《しろうと》だったので、逆に素人の強みを生かそうと考えて、一般企業を対象とした経営戦略関連の本を読みました。幸いにもその頃、一般企業を対象とした新しくかつダイナミックな「戦略論」が、一橋大学の野中郁次郎《のなかいくじろう》さんや伊丹敬之《いたみひろゆき》さん、神戸大学の加護野忠男《かごのただお》さんらを中心に提起されている時期でした。日本経済新聞社が『会社の寿命』（日経ビジネス編、一九八四年）という本で企業寿命三〇年説を唱え、ベストセラーになったのもこの頃でした。

農業協同組合を対象に「経営戦略」の重要性を指摘していた方は決して多くありませんでしたが、全中の常務をされた有賀文昭《あるがふみあき》さんが農協界における戦略論の先駆者だったと、個人的にはそう認識しています。私も農業協同組合における戦略のあり方についてもっと考察が必要だと感じ、とくに事業戦略を中心に戦略問題を研究してきました。

もちろん、一般企業の戦略とは異なるはず、と頭の中では考えていたのですが、それを強烈に教えられたことがありました。講演会で、私がＪＡにおいても戦略論的アプローチが必要である、と力説したところ、ある役員さんから、「戦略の必要性を強調されるが、相互扶助《そうごふじょ》を基調とする協同組合には、優勝劣敗《ゆうしょうれっぱい》や差別化を基調とする戦略論はなじまない」とのご指摘を受けました。

私は、「激しさを増す農畜産物の産地間競争をはじめ、信用事業は銀行や郵便局と、共済事業は保険会社と、というように、ＪＡのほとんどの事業は他業態との競争にさらされています。その競争環境の中でいかに残り続けるか、という課題に対する対応こそが戦略ですから、協同組合の精神とは相容れない、とは思いません」と、答えました。もちろん議論は平行線だったのですが、そのご指摘はずっと頭の隅に残っていました。基本的には、農業協同組合ならではの「戦略」を考えなさい、明らかにしなさい、というご指摘だったと思っています。

伊丹敬之、加護野忠男両氏はその共著書（『ゼミナール経営学入門第3版』日本経済新聞社、二〇〇三年）において、戦略は〝企業や事業の将来のあるべき姿とそこに至るまでの変革のシナリオを描いた設計図〟で、複数の事業を営む企業における社長レベルの、全社におよぶ戦略が「企業戦略」。そこでは全社的方向付けとそのための事業間の資源配分が主要テーマとなります。

他方、一事業を担当する部長レベルの戦略が「事業戦略」あるいは「競争戦略」。それは市場競争に打ち勝つために顧客にアピールし、競争相手との優位性や違いをつくるための設計図であるため、市場対応行動に関するプランづくりが主要テーマとなります。

これらを明らかにしたうえで、次の三点を指摘しています。一点目が、事業戦略の集合が企業戦略ではないこと。二点目が、事業戦略は、企業戦略にとっては戦略実行のための細かな活動計画としての「戦術」と位置付けられること。三点目が、戦術ばかりで戦略の欠如した企業が少なくないことです。

## (二)　ＪＡ戦略と非敗の思想

つまりＪＡという一法人においても、事業戦略はＪＡ全体を対象とするＪＡ戦略から独立的に存在するのではなく、それと矛盾しないものでなければならないわけです。企業戦略としてのＪＡ

戦略が欠如したところでは、事業戦略は十分に機能できません。当然、戦略は各ＪＡで異なりますが、〝将来のあるべき姿〟の部分については、次のような基本モデルが考えられます。

まず、「農業者の協同組織の発達を促進することにより、農業生産力の増進及び農業者の経済的社会的地位の向上を図り、もって国民経済の発展に寄与する」という、農協法第一条の精神を基本においたうえで、リスク社会化の強まりの中で、農業者を中心とする組合員の経済的社会的地位を、いかに維持・向上させるかという点が強調されなければならないわけです。それは、農業協同組合を地域社会における「公」でも「私」でもない、「協」的セーフティネットの一つとして再評価し、その体制かつ態勢を確立することです。

ＪＡ戦略が示すべき将来のあるべき姿をこのように描くとき、その具体化は、事業戦略に委《ゆだ》ねられるわけです。その事業戦略の核心部分にあるのが「非敗の思想」、すなわち〝勝敗を超越して残り続けることをめざした思想〟だと私は考えています。不特定多数の消費者を対象とする企業の事業戦略は、競争戦略とも呼ばれるように市場における勝ち残りをめざすものです。

他方、組合員を主たる事業対象とするＪＡ、あるいは協同組合全般における事業戦略は、組合員と役職員との間で展開される日常活動によって創りあげられる、信頼や納得によって強化された協同原理によって貫かれることになります。競争戦略との違いを明示するために、私は非敗戦略と呼んでいるわけです。ただしこれは私の仮説的造語です。

## （三）ヒントは野村克也《のむらかつや》語録

この「非敗」という言葉を創るうえでヒントになったのが、東北楽天ゴールデンイーグルス元監督の野村克也氏の言葉です。氏が、一九九九（平成一一）年に阪神タイガースの監督に成り立ての頃、チーム作りの方針を問われて、「勝ちに不思議の勝ちあり、負けに不思議の負けなし」と答えました。「勝利には、相手が勝手に負けてくれたお陰で幸運にも勝てたという場合も少なくない。しかし、負けゲームには、あれでは勝てるはずがない、という理由が必ずある。だから、負けた原因を徹底的に分析し、同じ過ちを犯さない対策を講じなければならない。もちろん、勝利したときもそれに酔うことなく、隠れている負けの要素を見つけ出し、同様に対応する。これらによって、負けないチーム作りをめざす」といった内容でした。残念ながら、阪神タイガースの三年間は最下位続きでしたが、今日の強さの礎《いしずえ》はそこにあるはずです。

この言葉と説明を聞いて、すぐに「非敗」という思想を考えついたわけではありません。しかし、とても興味をそそられたことを昨日のことのように覚えています。その後、事業を取り巻く内外の環境を冷静に見るとき、JAが一般企業と同じ土俵上で同じ論理で対峙《たいじ》することは、有効性に乏しいのではないか、と考えはじめました。それらと異なる論理での戦略、協同組合ならではの戦略のあり様を考え進めたとき、一般企業に対して、勝利することはないかもしれないが、敗北もしない。敗北しないで残り続ける、そのような可能性は十分残されている組織ではないかと考えたわけです。その時、非敗という考え方が浮かび上がってきたわけです。

## （四）正組合員第一主義の徹底

「非敗戦略」を徹底追求するためにすべきことを一言でいえば、徹底した「組合員第一主義」です。もっとはっきりいえば、「正組合員第一主義」です。最近ではあまり聞かれなくなりましたが、職能《しょくのう》組合か地域協同組合かという論争があります。実態としては、地域住民や非農家の組合員化を前提とした地域協同組合化が主流となっています。たしかに状況は地域協同組合化を避けられないものとしているわけですが、ただその流れに一つだけクギを刺しておきたいことがあります。

それは、「正組合員第一主義」、つまり農業に携《たずさ》わる正組合員を第一におくことの重要性です。たしかに農業生産に縁遠い地域住民から、JAが興味や関心をもたれることは結構なことです。そのための努力も否定はしません。しかしまずは、出資し、事業を利用し続けてきた中核的組合員である正組合員からきちんと評価されることをめざすべきです。正組合員から評価されない組合が、どうして地域住民の方々に評価されますか？　正組合員が生き生きと輝いている。それを見た地域の方々が関心を寄せ、加入や事業利用を希望される。それが基本です。例えばの話ですが、あわよくばＪＡから脱退したいと思っている組合員が多数存在しているような協同組合に、わざわざ加入を希望する人はいないはずです。

ではこの正組合員第一主義を貫くために何をすべきか。それは、彼ら彼女らが解決策を求めている関心事、まずは、「農業」関連事業の充実です。そしてそれと切っても切り離せない「地域」問題への対応です。ただしこれらが意味するところは、「生活」全体に対する対応を求めていることを意味しています。「農業」、「地域」、そして「生活全般」、これら三局面から突きつけられる課題に真正面から向き合うこと、逃げないことです。

## 二　組合員のいない協同組合は存在しない

### （一）組合員は顧客《こきゃく》ではない―ＣＳブームへの警鐘《けいしょう》―

現在、ＪＡにおいて組合員はどのように位置付けられているのでしょうか。

協同組合において、組合員は、組織者（主権者）であり、運営者であり、そして利用者という三位一体《さんみいったい》的性格によって定義づけられています。ところが、一般企業における顧客満足度向上運動、いわゆるＣＳ（Customer Satisfaction＝顧客の確保に向けて顧客の満足度を高め、顧客から見た価値の最大化をめざす取組み）の影響を受け、その考えをＪＡグループ内にも浸透させ、かつ徹底させようという傾向が強まっています。確かに、組合員も利用者としての側面を有しているわけですから、顧客としての姿を現すこともあります。でも、組合員を顧客としてだけに位置付けるならば、それは問題です。組合員と顧客、どこがどう違うのか具体的にお示ししましょう。

ＪＡのガソリンスタンドで職員の態度が悪かった、という場面を想定してください。一般の顧客だったら罵詈雑言《ばりぞうごん》投げかけて、二度と来なくても、ご本人の品格は疑われるでしょうが、別に問題行動ではありません。他方、組合員だったらどういう態度をとるべきでしょうか。

准組合員である私だったら、職員の非を唱《とな》える前に、まず謝ります。

なぜか？「その程度の職員教育しかできない職場で申し訳ない。多少なりとも運営責任を負う組合員として恥ずかしい」と、言うことです。叱られると思っていた職員はきっと驚くでしょうね。とがめるのはその後です。「あなたが、どこかで、今のような態度をとられたらどう思う。イヤだよね。少なくとも、自分がお客としてされたくないことを、人にしてはいけないよね」と、続けるでしょう。

組合員には自分が単なる顧客ではないこと、組合の運営に対する責任があることを自覚してもらう必要があります。つまり、当事者意識《とうじしゃ》を自覚するということです。当事者意識の欠如《けつじょ》した組合員が、組合を私有物であるかのように錯覚《さっかく》している勘違い経営者や不祥事《ふしょうじ》組合を作っている、とすら言えるでしょう。

ここまで言うには、それなりの理由があります。

あるＪＡの組合長が組合の資金を違法に運用していることが明るみに出たとき、新聞記者からこの不祥事に関するコメントを求められました。私は即座に、「石川や浜の真砂《まさご》は尽きるとも世に盗人《ぬすっと》の種は尽きまじ」と言いました。石川五右衛門の辞世《じせい》の句です。石川家一族郎党や浜の砂はなくなることがあるかもしれないが、泥棒がいなくなることはありません、と言うことです。

コンプライアンス（法令遵守《じゅんしゅ》）、ガバナンス（企業統治《とうち》＝企業の内部統制や不正防止機能）、チェックシステム（監査指導体制）といった流行《はや》りのカタカナ三題噺《ばなし》よろしく、由々しき事態であることを苦々《にがにが》しく語り、真実の究明と組合員保護を切々《せつせつ》と語るはず、とシナリオを描《えが》いていた記者は絶句《ぜっく》しました。

私が、「どんな監視体制を敷いても悪知恵を働かせるヤツは出てくる」と言ったら、「それでは、先生は何もしないでいいというんですか？」と返してきました。そこから農業協同組合論のミニ講義が始まるわけです。

結論は、こんな組合長を選んだ組合員の責任は免れない。もちろん、暴走を止めきれなかった職員にも責任はある。だから、県内や全国のＪＡグループが支援する前に、まずは、組合員が反省し、選んだ者としての責任をとる。その上で、グループとしてどのような対応をするかですよ。だから組合員が統治者能力といいますか、主権者としての責任、ちゃんとしたトップを選ぶ、あるいはトップを育て上げていく、そういった姿勢や環境を作り上げていくことが必要なんです。

## (二) 組合員は当事者

残念ながら、この考え方に賛同する人はそれほど多くありませんでした。その反論の中身は、「組合員は一番の被害者です。組合員にご迷惑をかけないよう、グループとして対応すべきです。それに、今組合員に当事者としての自覚を持ちなさいとか、運営責任があることを忘れないでください、なんてことを言っていたら、皆、脱退しますよ」といった感じです。

前半部分に対しては、「悪事《あくじ》を働くような経営者を選んだ責任を自覚しなさい。そのツケを真面目《まじめ》なJAに回すべきではない。責任をとったあと、脱退するのならすればよい」と答えています。後半部分に対しては、「批判をされる方々は、組合員が当事者意識を持つことを恐れ、当事者意識の欠如した組合員づくりに勤《いそ》しんできたのでは」という、皮肉っぽい感想すら浮かんできます。と言うのは、この出来事のあと、組合員を対象とした講演会で、「当事者意識を持ち、運営責任を自覚し、理事や総代の選出にかかわるべし」と持論を披瀝《ひれき》したら、組合員の目がカッと開き、背筋がピンと伸び、「そうですよね!」と、うなずく人多数でした。

やっぱりそうなんです。組合員はこのことに気づいていたんですよ。早速、私を批判された方々にこのエピソードをお伝えしたら、「講演会に来るような人は、そもそも当事者意識をお持ちなんです。問題はそれ以外の大多数の組合員です」と、にべもない返事。何をか言わんやの心境にはなりましたが、少数でも自覚ある組合員がいることは、次の足がかりとして大切なことです。この方々に見切りをつけられたら、協同組合としては終わりです。だから懲《こ》りずに言い続けるしかないわけです。「あなた方が当事者であり、主権者です」と。

## 三　組合員教育と教育文化活動

### （一）無意識の作品である資本主義が持つ「業《ごう》」

今、言い続けねばならない、と言いましたが、それはなぜか？　その問いは組合員教育の必要性につながっていく重要なテーマなんです。

最初に勤務した長野県のＪＡグループも、組合員教育に大変熱心でした。しかし私はどうしても組合員を教育の対象とすることが、高みからいっている感じがして、素直に組合員教育について語ることができませんでした。確かに、全中が出している入門書『私たちとＪＡ』にも「協同組合は教育運動である」というフレーズが示されています。でも、教育を必要としない人も組織も存在しないはずです。わざわざ取り上げるには、それなりの理由があるはず、とずっと気になっていたのですが、なかなか得心《とくしん》がいく答えに出会えませんでした。

組合員における当事者としての意識づけと、この組合員教育のあり方に何か関係性があるのではと思い、それを結びつける論理探しに悶々《もんもん》としていた時、学生時代から私淑《ししゅく》してきた吉本隆明《よしもとたかあき》氏の『大情況論』（弓立社、一九九二年）の中に、「資本主義は人類の歴史が無意識に生んだ作品としては、最高の作品」という一文を見つけました。

〝資本主義は無意識の作品〟、すぐにこれだと思いました。確かに、社会主義体制も共産主義体制も、NPOもNGOも、そして協同組合も、無意識にではなく、「作ろう」という意識に導かれたものです。だから、これらの体制や組織を継続するためには、意識に対する持続的な働きかけが必要なわけです。

でも、なぜわざわざ意識の作品が必要なのでしょうか？　次にそんな疑問がわいてきました。その疑問に答えてくれたのが伊藤忠《いとうちゅう》商事取締役会長の丹羽宇一郎《にわういちろう》氏です。丹羽さんは、バリバリの商社マンとして穀物の買い付けなどの経験があるなど、農業問題にも結構詳しい方です。新聞などでのコメントや、講演で、食料自給率向上の必要性、稲作が日本の風土に最も合っているし、水田の存在価値をもっと評価すべきである、といった意見を出されています。財界人、というだけで拒絶する方もいるようですが、この方が、わが国の農業やＪＡの現状を批判するようなことがあったら、結構手強《てごわ》いですよ。

丹羽さんは、『人は仕事で磨かれる』（文藝春秋社、二〇〇五年）という著書の中で、

経営者が強く正しい倫理観を持つということは、資本主義経済の中でもきわめて重要な役目を果たします。資本主義というのは、弱肉強食の一面があり、放っておくと非常に横暴な、悪の巣窟《そうくつ》になりかねない。欲深さを捨てられないのが人間の業《ごう》であるように、資本主義の業というものもあるわけです。…二十世紀に入ってからは、…社会主義が、…資本主義の生理である欲望の膨張と肥大化をチェックする役目を負ってきたのです。（社会主義体制が崩壊したいま）…これ（資本主義の業）を抑えるのは何かと考えた場合、…やはり人間の根底的な倫理観がチェックの役目を果たしていかなければならないでしょう。

と書かれています。

「資本主義の業《ごう》」という表現は、資本主義社会を象徴する商社の叩《たた》き上げ会長の口から出てきただけに、リアリティがあります。現在この資本主義の業を抑えるのは人間の根底的な倫理観ではないだろうか。だから経営者の倫理観に期待する、といわれるわけです。

これを否定はしませんが、それだけではやはり難しいでしょう。なぜなら経営者にも、資本主義社会の業が染みこんでいるからです。

## (二)〝気づき〟としての教育

丹羽さんのような高潔《こうけつ》な経営者は極めて少数派のはずです。私自身は、協同組合であるとかNPOやNGOといった意識の産物が、ブレーキをかける機能を有しているのではないかと期待しています。

よくよく考えれば、協同組合の母と呼ばれている「ロッチデール公正先駆者組合《こうせいせんくしゃ》」の誕生はまさに、イギリスでの資本主義の誕生、そして発展がもたらした陰の部分を、協同の力で克服しようという意識が生み出したものです。だからこそ、粘り強く意識に働きかける。つまり、常に資本主義社会における意識的な取り組みとしての協同組合の存在意義、存在価値というものを、組合員に認識してもらおうという、不断の努力、絶え間ない努力という意味での教育は絶対必要である、と理解するようになったわけです。

それは「洗脳《せんのう》」ではないですか、なんて怖いことをおっしゃる方がいては困るので、申し上げますが、「気づいていただく」「意識していただく」ということです。

じゃあ、具体的にどうしたらいいのでしょうか？　というご質問があります。私は難しく考えることはないと思っています。たとえば、組合員さんとの日常的な出会いの中で、評価されたり、ありがたがられたり、感謝されたときに、「これは皆さんや皆さんの先代《せんだい》、先々代が出資し、事業を利用してJAを支えてこられたことから生まれたものですよ。私たちは、その成果をお届けしているだけですから」といって、協同活動の意味、意義、そして価値に気づいてもらえばいいわけです。

〝気づき〟が大切だし、日常的に気づく契機が必要なんです。そのためには、職員が日常的に、組合員さんに誉められること、評価されることが必要なんです。誉められたことのない職員や役員に、組合員教育の必要性を語る資格はありません。文化教室であるとかJAの歴史を学ぶとか、講演会で〝そもそも論〟を聞くことは、それができてからの話なんです。大上段《だいじょうだん》に構えるのではなく、日常活動の中で組合員教育は行われますし、それが肝心なことです。

## (三) 知の巡《めぐ》りの良い組織づくり

このような日常的姿勢を中核としたうえで、教育文化活動のあり方を一言でいえば、「知の巡りの良い組織をめざす」ことです。身体にとって血の巡り、すなわち血行が良いことはまさに結構なことですが、それと同様に、組織にとってもその構成員にとっても、知識、知恵、そして情報といった「知」の巡りが良いことが望ましいわけです。単に組合員だけが学ぶのではなく、職員も役員も学ばねばならないのです。それは、組織の危機に対する日常的な備えでもあります。組織的に学習するメカニズムが組み込まれている、いわゆる賢い組織は復元力が大きく、大崩れしません。なぜなら、「知」の循環と蓄積によって危機的状況を打開するうえでの、次の一手を迅速《じんそく》かつ的確に打てる可能性が、飛躍的に高まるからです。

問題は連合会です。毎年新規採用職員の研修会が開催されますが、連合会に採用された方々が、一体どういう教育を受けられているのか。例えば、中央会が主催するＪＡ職員の研修会に連合会職員が参加しない場合が多いのです。その理由を問うと、「彼ら彼女らはもっと専門的で高度なことを、別の場所で勉強しているからいいんだ」、という答えが返ってきました。

これが事実だとすれば、間違っています。協同組合とは何か、という基本中の基本をグループの職員が一堂に会し、共有することが不可欠です。それぞれの守備範囲を磨くための高度で専門的な内容の研修に入るのはその後です。

高度で専門というものは、中央会や連合会の専売特許《せんばいとっきょ》ではありません。勘違いしてもらっては困ります。そういう意識を持っていること自体、致命的です。ＪＡにはＪＡの高度で専門性の高い領域があるのです。その象徴的な局面は、組合員と日常的に接するということです。組合員の日々の喜怒哀楽《きどあいらく》に真正面から向き合うという意識、姿勢のあり方です。そこがグループの原点であるにもかかわらず、そういうことを一番肌で感じる場に出てこない、あるいは出さないということ。これは非常に問題です。小難《こむずか》しいことはたくさん知っていても、肝心要《かんじんかなめ》のことについては無知で想像力が欠如している中央会・連合会職員を粗製濫造《そせいらんぞう》しないために、彼ら彼女らにも「協同」をめぐる教育が不可欠です。

## 四　職員担当制による組合員・利用者との対面的関係性（face to face）の再構築

では、非敗戦略を遂行していくうえで最も大切な組合員からの信頼を得たり、納得ずくでの事業利用がなされるために、日常的に何が必要か、それが次の課題です。結論を先取りすれば、日常的なつながり、フェイス・トゥ・フェイス（face to face）の関係を保ち続けることに尽きます。先ほども述べましたが、組合員の喜怒哀楽を直接的に受け止めようとする距離の保ち方がポイントです。とはいうものの、広域合併が推進され、支所・支店の統廃合を契機に、確実に組合員と役職員との距離は拡大する一方です。

組合員さんに「JAはどこですか」とたずねたら、自分たちがいつも行っている支所・支店を教えてくれます。どんなに立派であろうが、本所・本店ではありません。理由はなんであれ、身近な支所・支店が廃止されてなくなったら、「自分たちは切り捨てられた」と思います。これが緩やかなJA離れの始まりになる可能性は大きいわけです。支所・支店が存置《そんち》できないなら、その代わりに何をすべきか。私はずっと、〝職員担当制〟なるものを提案してきました。

皆さん、ご自分のＪＡの組合員総戸数を正職員数で割ってみてください。そこで出てきた数値が一正職員が担当する組合員戸数です。農水省「二〇二二年度総合農協統計表」によれば同年度の組合員総戸数は八、四四九、四八七戸。これを正職員数一七一、九一七人で割ると、四九・一戸となります。この方々に対応するために、学校のように担当制を取るわけです。肥料のことなら○○さん、共済のことなら△△さん、文化教室のことなら□□さん。でも誰に聞いてよいか分からないことがあるわけです。以前までは、支所・支店に行って解決したり、適切な方を紹介してもらっていたわけです。しかし統廃合により、そのような関係がとりにくい距離になった。だとすれば、「誰に聞いてよいか分からない、そんな時には担当にご相談下さい」という体制づくりです。担当者の名前と携帯電話の番号が伝えられ、その日から担当者がＪＡの窓口となるわけです。

ある県でこの考えを話したら、職員Ａさんから、「そんな提案が実現したら、夜中に電話がかかってきて大変です」と、批判されました。するとＢさんがすかさず、「それでもいいんじゃないの。頼られているわけだから」と、返してくれました。しかしＡさんも負けてはいません。「二四時間まとわりつかれるのは大変だよな」とため息。さすがＢさん、「そこまで来たらＪＡで対応する世界じゃないよ。その時は身内の方に事情を説明して、適切な対応をしてもらえばいいんだよ」と言ってくれました。もちろんこのようなケースは稀《まれ》です。稀なケースを取り上げて、やらない理由にしてしまうのは問題です。

こんなやり取りに、「私は共済のことなら専門だけど、それ以外のことは分からないから、聞かれても困るよね」とCさん。それに対する私の回答は至ってシンプルです。「知っている人を知っていればよい」、ただそれだけです。多様化、専門化、そして高度化している事業のすべてに精通することは無理です。だから、税金のことなら甲《こう》さん、介護のことなら乙《おつ》さん、自動車ローンのことなら丙《へい》さん、それさえ分かっていれば、その職員につなぐ。問題は、その職員から迅速に組合員に連絡を取ってもらい、次の段取りに入れるかどうかです。組合員の第一報から三〇分以内でこの流れが完結するならば、組合員は納得します。それが三時間経っても、三日経っても、三週間経っても梨の礫《つぶて》だとすれば、結果は明らかです。

もちろん、これは一つのアイディアです。改良していただき、皆さんのＪＡと組合員を結びつける赤い糸を見つけ出してください。そうすれば、「支所支店の統廃合でＪＡの建物は遠くなったけれど、心は近くなった」と言われるはずです。

求められているのは、ハードやソフトの整備以前に「ハート」の整備かもしれません。

# 五　地域社会の再構築をリードするＪＡづくり

## (一) 綻びつつある地域社会のセーフティネット（安全網）

正直に申し上げますが、最近までＪＡと地域との関係をさほど強い思いを込めて考えてきたわけではありませんでした。一事業体として、組合員・利用者との信頼関係を構築していけば、おのずと地域社会との良好な関係性は構築されるはず、と考えていたからです。もちろんそれが基本である、という考えは今でも変わっていません。ただ、人びとが生きていくうえでのリスクが非常に高まってきているにもかかわらず、現実には地域社会におけるセーフティネット（安全網）の綻びや弱体化が顕著になってきています。ですから、ＪＡをより積極的にその一つに位置付けていくことが必要だと考えるようになったわけです。

近年、社会生活におけるリスクが高まっているにもかかわらず、ガードが甘くなっていることを感じることが少なくありません。そんな時、〝天災《てんさい》は忘れたコロにやってくる。人災《じんさい》は忘れたトコロ（あるいはココロ）にやってくる〟というフレーズを考えました。リスク社会化の進展のなかで多発する人災。天災を防ぐことは困難ですが、安全網が幾重《いくえ》にも張り巡らされることで、せめて人災はなくしたいと考えています。

## (二)〝小さなシステム〟としてのＪＡ

だからといって、「ＪＡの出番です」と煽《あお》るわけではありませんが、地域のセーフティネットをいかに構築するかが極めて重要な時代となっていることは事実です。

小泉純一郎《じゅんいちろう》首相による構造改革以降、〝公でできることは公で、民でできることは民で〟と言うフレーズの、とくに後半部分を強調するあのかけ声の下、地域社会における公的セーフティネットの弱体化が自己責任論とセットで進んでいます。

市民の安全な生活活動を保障すべき公的機関の撤退を軽々に容認すべきではありませんが、自分たちの住む地域社会におけるセーフティネットづくりに対する住民たちの当事者意識の欠如がうかがえるのも問題です。これをどう考えるべきかのヒントを内田樹氏の論考から得ましたので、抜粋してご紹介します。

防火も防犯も金で買えるようになった。そうしたら、「私は自分のためのサービスを自分で買う」という人から順に地域社会から抜け出していった。相互扶助なら共同体の全員が同じ質のサービスを受けるしかないけれど、自分の金でサービスを買える人はいくらでも質の高いサービスを買える。共同体の支援を必要としない人が増えるにつれて、共同体は解体していったんです。

「金さえ出せば、共同体に主体的にかかわらなくても、公共サービスは買える」という考え方から九〇年代の「自己決定・自己責任」論までは一本道です。その「自己決定・自己責任」理論で一〇年間やってみた結果が、いまの日本の状況です。（中略）一部の「強者」は大いに潤ったかもしれませんが、過半数はむしろ困窮化した。自分一人の責任で競争社会を生き抜くリスクを引き受けられるほどの「強者」は全体の数％しかいない。

僕たちはお互いの顔が見えて、自分がこれだけ努力すると具体的にどういう形で社会の中に成果が上がってくるかがはっきり分かるような、そういう小さなシステムを貫けばいい。そういう社会でこそ日本人は活力を高めることができると思うんですね。

（「日本人が共同体からの利益を捨てるまで」『中央公論』二〇〇七年一二月号二八頁～三一頁）

あらためて言うまでもないことですが、協同組合そのものが、経済的社会的地位の向上をめざすために、みずからが出資し、運営に参画することでつくりあげる、自分たちのセーフティネットです。公民館活動や町内会活動、そして協同組合、その一つひとつがお互いの顔が見える、〝小さなシステム〟として大切なんです。

もちろん、公的なものが必要ない、という気はありません。しかしセーフティネットは重層的であるのが理想です。とするならば、地域社会と一蓮托生《いちれんたくしょう》の宿命をかかえ持つＪＡは、地域社会におけるその一つであることを自覚し、綻《ほころ》んでいる部分については繕《つくろ》い、弱体化しているところは補強していく、そのような姿勢と覚悟が不可欠です。その姿勢と覚悟を忘れたら、じり貧になること間違いなしです。

## 六　事業体としての要諦《ようてい》

### (一) マーケティング・サイクルを的確に回す

ただし、ＪＡは税金で賄《まかな》われている公共事業体ではありません。何をするにも元手《もとで》が必要です。それは具体的には出資金や賦課《ふか》金、そして事業利用を通じてもたらされる剰余《じょうよ》金です。組合員の信頼と納得を基盤にして、地域社会において確固《かっこ》たる地歩《ちほ》を占める事業体であり、セーフティネットであり続けるためには、出資するに値し、利用するに値する組織でなければならないわけです。高邁《こうまい》な理念を実現するためにも、非敗の思想にもとづいた事業戦略によって、まずは一事業体として自立することです。

組合員の経済的社会的地位の向上を目指すうえで、常に念頭に置いておかねばならないのが「貧《ひん》すれば鈍《どん》する」ということです。〝襤褸《ぼろ》は着てても心の錦《にしき》〟という姿勢を自分に課すことはできても、他者に課すべきではありません。「衣食足りて礼節《れいせつ》を知る」とも言われるわけですから、協同の力でいかにしてフトコロの豊かさを実現するか。〝組合員のフトコロに一円でも多く残す〟という使命を専従役職員は課されているわけです。

もし、組合員世帯の経済事情が「無い袖《そで》は振れない」状況にあるとすれば、「振れる袖づくり」に着手しなければならないわけです。その時のキーワードは、〝マーケティング〟です。マーケティングという言葉の意味するところはかなり奥が深いし、適切な日本語訳も見当たりません。販売とか営業といった、すでに作られたものを売り歩くというイメージで捉えている方も多いはずです。しかし私は、「創ること」あるいは「売れるもの創り」と定義しています。決して、「作」でも、「製」でも、「造」でもなく、「創」であること。無から有を産み出すような、創造的な取り組みであることにご留意下さい。そのことを教えてくれたのが、一九九四（平成六）年にホンダが発売した「オデッセイ」です。

発売されるちょっと前頃から、五人家族がゆったりと座れて、しかし当時はやりはじめていたRV・ワンボックスカーではちょっとね、というイメージで車の買い換えを考えていた私の目に、そのイメージ通りの新聞広告が飛び込んできたのです。すぐに販売店に行きました。現物はまだなく、予約受付中。プロモーションビデオを見て、価格を聞き、即決しました。その頃住んでいた石川県で十数番目の予約者でしたから、かなり早いほうだったようです。

十一月下旬に納車されたのですが、しばらくは振り返ってくれる人が多く、週末は幸せな家族を演じながらのドライブ三昧《ざんまい》でした。でもそんな幸せも長くは続きません。爆発的に売れたため、年が変わると、もう誰も振り返ってはくれなくなっていました。新聞に掲載されていた担当役員のコメントが、私にマーケティングとマーケティング・サイクルの真髄《しんずい》を教えてくれたのです。

実はその数年前から、営業担当を通じて世帯主三〇歳代、子どもが二人から三人のファミリーで、現在の車に対する不満が多いことが伝えられた。〝セダンは狭すぎる、RV・ワンボックスカーはちょっと〟という感じ。これを開発担当に伝えると、さすが〝ワイガヤ文化〟（部署の壁を超え、みんながワイワイガヤガヤ議論する職場風土を指す）のホンダ、開発担当者は素直に聞き、設計書を営業マンに提案する。もちろんそれに対するコメントがあり、改良が加えられる。そのやり取りが数度となく繰り返された結果、売り歩く必要がないものができあがりました。

これが、おおよその内容です。このキャッチボールというか、流れというか、そういう取り組みが繰り返された結果、わが家のようにビデオを見ただけで買う人間、そう〝顧客〟が創造されたわけです。見ない、乗らない、触らない、にもかかわらずです。わが家も、ホンダのマーケティング・サイクルの掌《てのひら》にちゃんと乗っていたわけです。

この実体験をヒントに、JAグループ版のマーケティング・サイクルを書いてみました。簡単

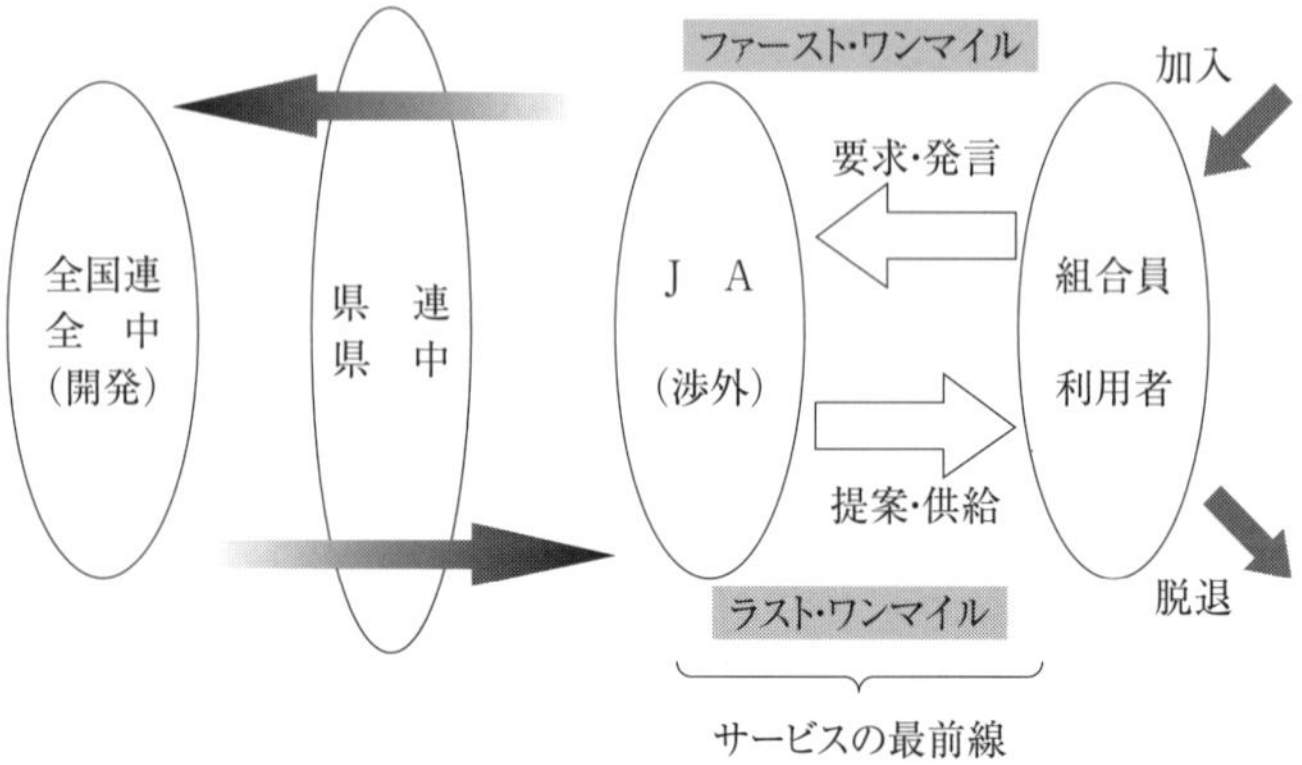


図４　マーケティング・サイクル

にこの図４の説明をします。組合員・利用者が必要なモノやサービスについて要求・発言する。それが県段階を通じて全国段階に発注され、そこでの開発を経てモノやサービスがつくられ、逆の流れになって提案・供給される。それが満足・納得を得られれば、次のサイクルが回りますし、満足・納得が得られなければ利用が控えられるし、改善されなければ脱退という悲しい別れが待っているわけです。このサイクルをいかに的確かつ迅速《じんそく》に回していくかが、ポイントであることは言うまでもありません。もちろんどの事業体においても、サイクルの回し方の巧拙《こうせつ》が、成長か衰退かの鍵を握っている、といっても過言ではありません。

　このような話をすると、「うん、いい話を聞いた」と、だいたいの方は言ってくれるんです。でも、ＪＡグループでこのマーケティング・サイクルを的確かつ迅速に回すことができますか？　という話になってくると、はなはだ心もとないわけです。やたら関所が多すぎて、伝言ゲームのように最終的には違った形で伝わることも。あるいは、伝わることとさえない場合もある。その結果、満足や納得は得られず、信頼という大事なものの喪失となるわけです。

逆説的な言い方をすれば、ＪＡグループはこれから伸びます。なぜか？　マーケティング・サイクルを意識して回してこなかったからです。伸び代は大きいですよ、ご安心下さい。ただし、的確かつ迅速に回せばの話です。

そういう視点で、図4を見ると、右下の方にラスト・ワンマイルと書いてあります。この言葉の出自《しゅつじ》は、アメリカにおけるコンピューターネットワーク業界です。いかに全米ネットワークの構築をめざしても、最寄りの中継局とパソコンを有した個人との間、つまりラスト・ワンマイル（最後の一・六㎞）が接続されなかったら全部無効だよ。だから最後の一マイルを大切にせよ、ということを示唆する言葉として用いられています。

ラスト・ワンマイルがあるんだったら、当然ファースト・ワンマイルもあるわけです。つまり組合員・利用者からの要求や発言を、渉外担当者や支所・支店の窓口にいる職員がしっかり把握し、それを伝えていく経路です。ファーストとラスト、それぞれのワンマイル、ここがサービスの最前線なんです。決して、末端なんかではないんです。先端なんです。ＪＡグループにおける大切な大切な人間センサーの部分なんです。ここに血と知が通ってるのか、通ってないのか、神経がピリピリと研ぎ澄まされているのか、さびついてしまっているのか、きわめて重要な問題です。

まさにグループの命脈を握っている場所です。ですから、マーケティング・サイクルという視点を持ち、ラスト・ワンマイル、ファースト・ワンマイルであるサービスの最前線を研《と》ぎ澄《す》ます、という気持ちになれば、素晴らしいＪＡそしてＪＡグループになるんです。ＪＡの支所・支店、そして現場職員は、先端であることのプライドを忘れるな、ということです。

では次に、主な事業を取り上げ、このマーケティング・サイクルを意識したそのあり方について、私の考えを述べたいと思います。

## （二）事業のあり方

営農関連事業（営農指導・販売・購買）―組合員のフトコロを一円でも豊かにする―

農業は正組合員の最大の関心事です。そしてそれに直接かかわる営農関連事業は、他の事業とは異なる特性を有しています。それは、「農業協同組合だから、まずは営農です」といった一般論からではありません。あくまでも事業論としての視点です。

一つが、正組合員のフトコロに直結した事業である、ということです。つまり営農関連事業は、農家組合員が、各種事業を利用するための原資《げんし》を獲得する手段の一つなのです。

大学教員の頃、銀行や保険会社の方が預金や加入を勧めに来ました。彼ら彼女らは、私の給料を当てにしているわけですが、誰一人として、その原資の稼ぎ方をアドバイスしてくれません。当たり前といえば当たり前ですよね。

でも、ＪＡは、営農関連事業を通じて農業所得の稼ぎ方を指導・支援しているわけです。この違いは大きいですよ。ご本人たちは気づいていませんけど、「振れる袖づくり」をめざす上では、この事業への梃子入れ《てこい》は不可欠です。これが順調に進めば、他事業の利用状況も好転します。ですから、営農指導員をはじめ、この事業にかかわる方々の使命、目標は何かといえば、それは「農家のフトコロを一円でも豊かにすること」、これに尽きます。どんな高邁《こうまい》な協同組合理念を語っても、農家のフトコロを寂しくさせるようなら、この事業に取り組む資格はないし、ＪＡとしての使命も果たしていない、というぐらい重く受け止めていただきたい。

私は機会あるごとに、農家の方々に対して、「売上を伸ばすことを禁欲《きんよく》してはいけない」と言っています。売上が伸びるということは、それだけ喜んでお金を出した人が増えている、ということなんです。農畜産物の販売を通じてそれだけ喜びを与えているんだ、ということです。そうして得たお金を次のステップアップのために賢く使うのです。良い車に乗る、良い洋服を着る、おいしいものを食べる、旅行に出かける、等々を通じて、世界を広げ、上には上があることを知るなかから、農業経営のヒントや情報も集まるわけです。もちろん、明日に向かっての活力もみなぎってくるんです。フトコロが寂しけりゃ、そうはいきませんよ。

「貧すれば鈍する」です。貧しさを売り物にしているような産業や人に明るい展望は開けません。だから、生活に関連する事業や活動の役割は、賢いお金の使い方を一緒に考える役割を持っているはずです。

もう一つの特性が、独自でマーケティング・サイクルを回せる数少ない事業であることです。それが可能であるのは、正組合員が農畜産物の生産者、すなわちメーカーだからです。いちいち連合会を通じて外部のメーカーに頼む必要がないんですよ。先述したマーケティング・サイクルの左右が変わると考えれば分かりやすいでしょう。

もちろん、これまでにはあまり経験することの無かった、新たな苦労が生じます。それは、農畜産物の顧客を捜してくることです。これまでの市場流通中心の時代には、大都市の中央卸売市場を頂点とする、卸売市場体系を第一義に考えた販売戦略で間に合っていたかも知れません。しかし現在は流通チャネルが多様化しており、産地や産品の特性に応じた重層《じゅうそう》的なマーケティングが求められるようになってきています。組織が広域大規模化するにつれて、当然のことながら、管内にある多様な産地、多様な農畜産物をいかに細やかに売っていくかが求められてくるわけです。

「売れたものが良いもの」と位置付けられる今の時代においては、実需者や消費者がどのような商品を求めているのか、品目、品種だけではなく荷姿《にすがた》や価格設定まで含めた、深い洞察《どうさつ》に裏打ちされた商品開発と生産システムが構築されねばならないわけです。ですから、実需者や消費者の顕在《けんざい》化している要求はもとより、潜在《せんざい》的な要求、欲求、願望を洗い出し、それに応えることのできる、生産者個人、グループ、あるいは地域を選抜し、結びつけることが不可欠となるわけです。

私はこの〝つなぎ役〟をマーケティング・マネジャーと呼んでいます。生産技術が分かり、農畜産物の商品特性を熟知し、それを買い手側に伝えるとともに、買い手の要求、欲求、願望を現場につなぐことのできる人材です。あえて言えば、三〇歳代までの営農指導経験者で、「売れるものづくり」に興味がある職員を、一日も早くマーケティング・マネジャーに育て上げる必要があります。もちろん、彼ら彼女らがリーダーシップをとらねばなりませんが、農業者も部会という組織的対応の中で、「売れるものづくり」を念頭におき、当事者として参画しなければならないわけです。さらに、このような態勢を確立させるためには、全農の全国ネットワークや情報収集力を活用すべきです。決してこの逆ではありません。主体はＪＡにあることを絶対に忘れてはいけません。

次に購買事業です。肥料や農薬をはじめとする農業生産関連資材の多くは、全農からのいわゆるグループ内仕入れです。これまでは、その流れでの仕入れが当然であり、違う流れからの仕入れがタブー視されていたことも否定できません。しかし、組合員にとっては量販店、ホームセンターをはじめとして購入先は多様化してきており、比較対象先は増えることはあっても減ることはない状況です。当然、価格差や品質差、アフターサービス等々の違いについての説明責任が担当者には求められます。でも、グループ内取引を当たり前としてきた組織風土であるがゆえに、納得のゆく説明がなされず、それが不信感を増幅させている場合も少なくないわけです。やはり組合員・利用者にちゃんと説明ができるような透明性の高い取引きを行っていくべきです。具体的には、入札制《にゅうさつ》度や相見積《あいみつ》もりを取ることを当たり前とすることです。その結果として、グループ内取引となることはそれなりに結構なことでしょう。

ただし生産資材は、業者と比較して高くならざるを得ない事情もあるわけです。なぜなら、ホームセンターや量販店では営農指導はしていませんし、販売事業にも携わっていません。JAは、直接的な費用負担を求めることなしに正組合員の営農指導をおこない、わずかな販売手数料のなかで、生産から精算という一連の流れをこなしているわけです。公平な比較はできません。ですから、その辺の事情をしっかり組合員に説明すべきです。

資材価格が、なぜそうなるのかの情報公開が不可欠です。それでも、理解、納得が得られず、ホームセンターなどと比較して高いので買えない、という意見が多数を占めた時には、店をたたむしかありませんね。それくらいの覚悟が必要でしょう。

あるいは、生産資材価格は競合店と競争しますから、営農指導もタダではないし、販売手数料もしっかりいただきます。どちらが良いか、ぐらいのことはきちんと膝をつき合わせて話し合うべきです。もちろん、ちゃんと企業努力をしたうえでですよ。ただしそこで問題になるのが、全農がどこまできちんと情報を開示できるかです。もちろん、ＪＡでできるところまでは、きちんと責任ある対応をすべきです。

## 信用事業――真の「地域金融機関」をめざす――

「事業の主体はＪＡにあり」。これは、経営の柱となっている信用事業にも共済事業にもいえることです。しかし、信用事業に関しては、ＪＡバンク法が施行されて以降、農協法よりもＪＡバンク法が上位に位置しているのではないか、という皮肉の一つもいいたくなる状況になっていることに、不満と疑問を感じています。信用事業を行いたければ、あれをやれ、これをやれ、イヤなら看板返せ。何か、信用事業を行うためにＪＡがあるような感じです。さらに違和感を増幅させているのが、みずからを地域金融機関としている点です。

一般に、地域金融機関とは、地方銀行、信用金庫、信用組合を指し、地域限定的な事業展開で、そこを生活や事業の基盤とする地域住民や中小企業を事業対象とし、日常的な取引関係を重視した金融事業を営むもの、と定義されるわけです。たしかに、多くの点でＪＡもそのカテゴリーに含まれるようですが、最大の疑問は「地域集金機関」ではあっても、「地域金融機関」のレベルには達しておらず、手前勝手な僭称《せんしょう》でしかないのではないか、ということです。名実ともに、地域金融機関になろうと思ったら、融資能力を飛躍的に高めることです。

というと、「今、地元の企業に融資したら、不良債権化の可能性大ですよ」と、いわんばかりの冷ややかな雰囲気が漂ってきます。そこで私は問いかけます。「組合員さんのほとんどは専業農家ですか?」と。もちろん、専業農家は一割程度。分かったうえでの問いかけです。「そうですよね。ほとんどが兼業農家ですよね。兼業先の経営は順風満帆《じゅんぷうまんぱん》ですか?」と、たたみかけると、当然顔は曇ります。兼業先の経営悪化はそこに勤務し給与所得を得ている組合員のサイフを直撃するわけで、それが組織に影響を与えないわけがないんです。

ＪＡ経営は、兼業先から支払われる給料、つまり兼業所得に依存しています。兼業先の経営が順調であることは、ＪＡ経営にとっても重要なことなんです。兼業先の安定経営のために、金融機関としてできることは何か、答えはいうまでもないですよね。もちろん今すぐ地元企業に融資しろというほどの素人《しろうと》ではないつもりです。たしかに、これまで取引関係のなかった地元企業が融資を求めてくるとすれば、それは立派な不良債権予備軍です。だってメインバンクから袖にされているわけですから。強調したいことは、五年先十年先を見越した安定兼業先づくりのために融資・審査能力を蓄積し、地元企業と共生して行きましょうということです。

地域金融機関という看板にふさわしい取り組みを期待するばかりです。

共済事業―「JAの共済」から「JAが共済」へ―

一番最初に給料を得たのが、JAグループ関連の組織ですから、わが家の人と自動車はJA共済で守られています。残念ながら、家屋についても建物更生共済《たてものこうせい》を考えたんですが、融資の都合上加入できませんでした。

さてこの事業、ほとほと不憫《ふびん》な事業と思われてなりません。かなり以前から、「今の農協さんは、本来の営農指導事業をおろそかにし、貯金と保険にうつつを抜かしている」という批判がなされてきました。また職員からは、「共済事業さえなければいい職場なんですが」というぼやきが聞かれます。さすがにこの台詞《せりふ》を聞いた時には、「共済事業がなければ、とっくの昔につぶれていますから」と苦笑《くしょう》しながら返すことにしています。なぜなら、収益面だけでいえば、信用事業と共済事業の二本柱が経営を支えているわけですから。

加入者に対しては保障によって、農村地域に対しては資金還元によって、経営に対しては付加収入によって、多大な貢献をしてきたにもかかわらず、この程度の評価しか受けていないわけです。不憫というのはこのことを指しています。しかし、組合員を取り巻く暮らし全般がハイ・リスク化してきていますから、保険や共済の存在意義が低下することはないわけです。掌《てのひら》を返すような高評価は望めそうにありませんが、きちんと評価してもらう必要はあります。正当な評価を得るために、私はいくつかのことを提案してきました。

やはり第一には、きちんとした事業のやり方を確立することです。共済事業への多くの批判は、古き良き時代の「一斉推進」への批判・不満に起因しています。全職員が付け焼《つ》き刃《やば》的に仕組みの概要を勉強し、組合員宅への短期集中的な夜間訪問を行い契約を取り付ける、というやり方は通用しないし、通用させてはいけないわけです。今後は、共済外務員であるライフアドバイザー（ＬＡ）を中心とした恒常《こうじょう》推進で取り組んでいくべきです。と、このことを強調していると、法令遵守、説明責任、という課題から恒常推進に大方変わりつつありますからご心配なく、というご親切なアドバイスも頂いています。でもそんなことがなくても、やるべきなんです。制度によって変わったものは、制度変更でどうにでもなるんです。これは、制度の問題ですませられるものではありません。

第二には、ＪＡそのものが組合員のセーフティネットの一つであること、つまり、ＪＡそのものが「共済」システム、ということです。〝ＪＡの共済〟という従来の事業レベルのフレーズになぞらえれば、〝ＪＡが共済〟と表現されるわけです。共済事業はそのなかで、金銭的保障を仕組みとして提供する事業であって、農業協同組合が「共済事業」をすることはなんの矛盾もないわけです。この点はプライドを感じても良いところです。その辺を理解し、ＪＡ事業の中に位置付けないかぎり、共済事業は不憫な事業のままだろうし、担当職員のモチベーションは上がらないでしょう。

第三には、もう少し「こども共済」に力を入れるべきでは、ということです。仕組みの中では最も明るい部分を含んでいます。まして出生前加入特則《しゅっせいぜんかにゅうとくそく》での契約であれば、お母さんのお腹の中にいた時からのお付き合いであり、加入者とのつながりもより深まるはずです。これを、孫への贈り物としても位置付けるなら、よりその特長が生かせるはずです。

第四には、「営農リスクの保障」です。従来、ひと・いえ・くるまをメインに据え、生産関連リスクよりも生活関連リスクへの対応に軸足をおいた仕組みの提供が行われてきました。しかし、近年の認定農業者や集落営農への支援にシフトする農政転換を受け、営農担当者の意見も取り入れるなかで、担い手経営のリスク対応にも着手し始めました。

二〇一〇年頃から営農リスクの体系的把握をめざして、作目ごとの生産から販売までの各段階において発生することが予想されるリスクと、それへの対策を整序し可視化した「営農リスクリーフレット」が現場で利用され始めました。これによって、農業経営全般との接点を強化するための営農リスク対策の提案活動が可能となったわけです。その後、改良が加えられ二〇二四年時点では「農業リスク診断」が可能となりました。そして、多様なリスクに対応した仕組み（農業者賠償《ばいしょう》責任共済）が提供されています。

もちろん、生活面を中心にやってきた既存の共済部門だけで対応することは困難であるため、他部門や他連合会との連携が不可欠です。きっと総合力の発揮に向けた重要な機会となるはず、とにらんでいるんですが、共済事業の現場ではあまりかんばしい評判が聞かれません。事業部門の縦割り制がもたらす弊害の一つですが、共済担当職員の、営農への関心はさほど高くないわけです。だって、これまでこんな繋《つな》がりはなかったわけですから。

この課題は、単に共済部門だけで抱え込む性格のものではありません。総合JAを総合たらしめるための、きわめて重要な取り組みであるわけですから、グループ全体としていかに取組んで行くか、早急に検討する必要があります。

そして第五に「組合員の参画」です。共済事業はリスクの発生を前提としています。しかしリスクという対象の性格上、考えねばならないけど、あまり考えたくないテーマです。このため、積極的には検討しようという姿勢をとらない場合が多いわけです。つまり、検討の先送りです。また、相談を契機に、しつこく契約を迫られるのではないか、という心理状態も無視できません。このようなことから、当該事業に対する組合員の参画については、積極的な取組みがなされず、〝顧客〟としての位置付けが強かったわけです。

でも、多くの人は共済・保険の必要性を認めているし、掛金支払能力という制約条件の下で、適正保障の実現をめざしているのも事実です。みんな賢い加入者にはなりたいのです。だから、営農・生活リスクに関する勉強会などを設け、リスク対策を広く学ぶ中で、対策の一つとして共済事業を学び、自分の安心は自分で探し出すとともに、必要な仕組み開発や普及方法を提言するなどの参画機会を設けることなどにより、賢明《けんめい》なる加入者づくりに取組むべきです。

## 生活活動――ＪＡが誇る先進性――

二〇〇七（平成一九）年一二月、総理大臣官邸において開かれた「官民トップ会議」で、「仕事と生活の調和（ワーク・ライフ・バランス）憲章」と「仕事と生活の調和推進のための行動指針」が決定されました。憲章では、仕事と生活の調和の必要性、それが実現した社会の姿、関係者が果たすべき役割などが示されています。また行動指針では、企業や働く者の効果的な取り組みや、国や地方公共団体の施策の方針を示しています。要は、生活とのバランスがとれた働き方を、政労使《せいろうし》の三者が協調連携してめざしましょう、ということです。

ここで申し上げたいことは、「営農と生活は車の両輪」というフレーズで語られてきたように、ＪＡではすでにワーク・ライフ・バランスの考え方を実践してきたことです。これも、ＪＡが誇るべき先進性の一つなんです。もちろん、その取り組み内容は変化してきました。これまでの生活活動は、一九七〇（昭和四五）年に提起された、「生活基本構想」を基礎として展開されてきました。この構想はきわめて革新性に富むものと、私は高く評価をしています。

しかし二〇〇六（平成一八）年に開催された第二四回ＪＡ全国大会以降の検討結果として、ＪＡが行う生活活動を、組合員だけではなく地域住民とのつながりを意識し、それによるコミュニティの再構築をも視野に入れた「くらしの活動」として模様替えを行おうとしています。そこでの柱は、「高齢者生活支援」「食農教育」「環境保全」「子育て支援」「市民農園」「田舎暮らし」の六本となっています。

私は、これまでの取組みがそれなりの評価を得、その基盤の上に次の展開に行くのではなく、状況の変化を理由に新しいものに飛びつく傾向には疑問を禁じ得ません。くどいかもしれませんが、今の組合員、とりわけ正組合員に評価されていない、満足されていない活動をそのままにして、活動対象や内容を拡大させていくことには反対です。

というわけで、古いかもしれませんが、それまでの生活活動の枠組み、すなわち、①生活設計活動、②相談・情報活動、③生活用品購買活動、④高齢者対策活動、⑤文化教室活動、⑥快適な地域づくり活動、⑦生活金融・保障活動、について私の考えを述べていきます。

①生活設計活動――いかなるストーリーを描くか――

生活設計、と大上段に構えるよりも、一人の人間として、家族あるいは家として、どんな将来のビジョンや夢を持っているのか、これが大切です。まず皆で自分の夢を語る。そしてどこにＪＡがかかわることができるか、そこを洗い出す。次のステップとして、そのビジョンや夢の実現に向けていかなるストーリーで進んでいくのか。それを確認することから始めれば良いのではないでしょうか。

その時に大切なことは、リーダ役の生活指導に関する担当職員がどんな夢や生活・人生設計を持っているか、ということです。夢らしい夢も、設計らしい設計も持っていない職員が、組合員の生活さらには人生設計に親身になってかかわることはできないでしょう。

②相談・情報活動

営農についても生活についても担当職員が、総合事業の「要《かなめ》」であるという意見が教科書的通説となっています。それはこの相談・情報活動と表裏の関係にあります。確かに、指導員が「要《かなめ》」になることは、話としては魅力的ですが、そんな重い使命を課すことはできません。なぜなら、高度化専門化した多様な事業に精通することが不可能に近いからです。中途半端なレベルで相談にのることや情報を伝えることは避けるべきです。「知っている人を知っていればいい」というぐらいで良いのではないでしょうか。あとはどれだけネットワークや人脈を作っていくか、ということになるわけです。これなら誰もが取り組めるはずです。

③生活用品購買活動

次に生活用品についてです。

私が生活活動にかかわるきっかけとなったのは、〝幻〟といっては自虐《じぎゃく》的ですが、一九八五（昭和六〇）年ごろに全中が提起した「生活総合センター構想」へのかかわりです。私の考えは至ってシンプルでした。総合ＪＡがその総合性を発揮するためには、Ａコープを核として、少なくとも生活関連の財・サービスが集積された拠点としてセンター化をすすめ、ワンストップ・ショッピングの可能な施設整備を行う必要あり、ということです。

「JAに行けば何でもあるね」を狙ったのですが、いつの間にか「JAに行くまでに何でもあるね」になってしまうなどで、なかなかうまくはいかなかったわけです。正直、私の心の中に悔しさと申し訳なさがあります。しかし、今でもAコープのもつ役割はきわめて重要だと思っています。実際には、経営がかなり厳しい店舗が多いようですが、まだまだがんばっているところに出会うとうれしくなってきます。老若男女《ろうにゃくなんにょ》が、食料品をはじめとする生活必需品を購入するためにやってくるAコープがなぜ低迷するのか、正直不思議です。

理由はいろいろあるのでしょうが、成功しているところに共通しているのは、生鮮三品《せいせんさんぴん》が命であり、その命の部分は他人任せにしていない、よしんば任せていたとしても任せていること自体に責任を持つという、当事者意識をしっかり保持している点です。生鮮というだけに鮮度が大切だし、当然、品質を見抜ける人材も不可欠です。あそこの生鮮物は良いよ、という評価は店全体の質の高さを代弁しています。

そして何よりも、自分が仕入れてきたものは売れ残したくない。でも、他人が仕入れてきたものに対してはそれほど必死にはならないでしょう。だから、成功している店舗の多くは、生鮮三品の仕入れを他人まかせにはしていないのです。とにかく、老若男女が訪れるところとして、Aコープには期待を寄せています。赤字店舗が多く、あまりかんばしい話を聞かないのですが、重要な拠点施設なので、ＪＡグループとして総力をあげて店舗運営をしていくべきです。

もちろん、ここでもマーケティング・サイクルをがんがん回さねばならないわけですが、買い手の潜在的な要求を見抜くことの難しさを、ＮＨＫの朝のニュースが伝えていました。

皆さんもご存じの大手コンビニエンスストアーが、中国地方のとある中山間地域で、移動販売事業を始めた時の話です。高齢者が多いということで、〝おむすび〟をたくさん品揃えしたそうですが、まったく売れない。飛ぶように売れたのが皮肉にも〝パン〟だったそうです。顧客である高齢者の方はインタビューに答えて、「コメは家に売るほどあります。おむすびはいつでも食べられます」と、にべもない返事をされていました。ショックを隠しきれない商品開発の担当者は捲土重来《けんどちょうらい》を期して《らい》いましたが、プロである彼らとても、マーケット（市場）を読み違えるわけです。

「ＪＡグループももっとマーケット（市場）を見て」と言いかけて躊躇《ちゅうちょ》します。なぜなら、生活用品に関するマーケットの主人公は、組合員、つまりＪＡの主人公な訳です。冷静に考えるならば、主人公のご意向をちゃんと聞き出すことは容易なはずだし、当事者である彼ら彼女らに、もっと品揃えや商品開発に参画してもらうべきです。顧客ではないのですから。

次に、組織購買についてですが、いろいろな購入方法が提供されている今日、組織購買でなければ入手できない商品があるのだろうか？　まずこの素朴な問いに答えてみてください。ない、というのが本音でしょう。では、店舗で購入するのか、というとその店舗が店じまいしています。「郵政民営化で、中山間地から郵便局が撤退します。これからますますJAの存在価値が高まります！」と真顔で言う人がいましたが、郵便局より先に撤退したのはJAですから！　もちろん、今さら店舗復活なんて言えないのでしょうが、JA店舗なき中山間地域で生活用品の購買事業を無店舗でやるうえでは、まだ地域に残っている事業体や、生協との連携を模索する必要があります。

食事・食材供給事業には必要性と可能性を感じます。高齢化社会において、豊かな食生活を誰かがサポートする必要があるからです。三度の食事すべてを提供することはむずかしいにせよ、家事労働の軽減と健康管理を目標とした取組みが求められています。

なお、Aコープの閉店が及ぼす影響と課題については、本章末の補節一をご参照下さい。

④高齢者対策活動

人生八〇年あるいは九〇年という長寿化時代において、六〇歳後半からをどう生きるかは、かなり重要な課題です。人生における余りものとしての「余生《よせい》」ではなく、あらかじめ計画された、人生の大切な「予生《よせい》」へと、その位置付けは大きく変わってきています。従来の、「かわいそうな高齢者」像を払拭《ふっしょく》したうえで、高齢化社会対応型の事業・活動を提示していく必要があります。

JAは、高齢者の仲間入りをする前までに、信用事業や共済事業を通じて、経済的に安定した老後への備えを提案してきたわけですから、今度はその蓄《たくわ》えをいかに賢く使っていくか、それを提案すべきでしょう。

また、おれおれ詐欺《さぎ》や振り込め詐欺などが横行していることを考えると、認知症との絡みで、成年後見《せいねんこうけん》制度にかかわっていくべきです。まだまだそのような認識は深まっていませんが、かつて私どもの研究室の学生が卒業論文でこの問題に取組み、成年後見制度特約付き年金共済の開発・供給などを提起しました。これに加入しておれば、後見制度を受けるときの手続きをJAが行い、保佐人《ほさ》に対する費用が支払われるというものです。もちろん、組合員の生涯にわたるセーフティネットとして、多様な活動が求められますが、すべてをJAで背負うべきではありません。行政や社会福祉協議会、あるいはNPOや民間事業者と連携して取組むべきです。

いずれにせよ、自分の親や祖父母を大切にする事業体を、感謝すれこそ疎《うと》ましく思う者はいません。次世代対策とよくいわれますが、高齢者への対応はまさに次世代対策の最たるものです。「オジイチャン農協だよ」というフレーズが自虐的に用いられますが、この世界は、よその事業体にとっては〝垂涎《すいぜん》の的〟でしょう。そして何よりも、長年にわたって組合員・利用者であった方々に、幸多き予生を提供する価値ある取組みです。

日本農業新聞（二〇二四年二月二三日付）によれば、岐阜県JAぎふは二二日に、成年後見制度を通じて組合員や地域住民の財産と権利を守ることを目的に、一般社団法人「JA成年後見センターぎふ」の設立を発表しました。法人後見人となり、JAの総合事業を生かした法律、金融、相続などのサービスを提供するとのことです。全国のJAで当該センターを設立したのは初めてです。成年後見人などの受任《じゅにん》、遺言書《いごんしょ》作成のサポート、遺言執行業務など、法律や金融面の専門的支援を行います。

センターには、裁判所から専門職後見人として選任されている社会福祉士や社会保険労務士などの有資格者が所属し、JAの総合事業を生かした地域に根ざした相続手続き、遺品整理、葬儀、土地活用などの総合的な支援体制を目指しています。JAには、組合員・利用者からも「認知症になったら将来の生活に不安」「一人暮らしなので心配」との声が寄せられていたそうです。

管内では今後、専門職後見人の不足が予想されていることも踏まえ、法人を設立したとのこと。同法人の代表理事は「近い将来、NPO法人や社会福祉協議会などと連携し、地域の福祉ネットワークを活用したサポート体制を目指していく」と語っています。

⑤文化教室活動—自己実現をめざして—

自己実現をめざして、と書いていますが、これはみんなの課題です。自己実現とは、本人も気づかない、眠っている、あるいは埋もれている才能を表に出して、顕在化させることです。もちろんそんな大層なことは考えていません、という方もおられるでしょうが、学ぶということは、知らなかったことを知るということですから、あることを学んだら、もう知らなかった時の自分とは違うわけです。まさに自己実現しているわけです。でも次の瞬間、さらに分からないことが出てくる。あるいは物足りなさを感じる。これが自己未実現状態です。そのために、さらに学ぶという意欲が出てくるわけです。終わりのない取組みですが、生活の充実度は確実に高まっていきます。そのような機会を提供するのが文化教室活動です。ですから、百花斉放《ひゃっかせいほう》、いろいろな活動が提起されるほどいいのです。

もちろんＪＡがすべて取り仕切ることはできないし、取り仕切ってはいけません。可能な限り自主運営です。自主的に運営すること、それも学習なんです。職員は、あくまでも最小限のサポートに徹するべきです。

ところで、営農といえば男性、生活といえば女性、ということで、生活文化活動は女性を対象とした取組み、というのが通り相場ですが、文化が必要なのは女性ばかりではありません。男性を意識した取組みをもっと仕掛けるべきです。テレビを見ていたら、定年退職後の男性における、公園デビューならぬ、地域デビューの仕方が取り上げられていました。ここまでしてあげなければならないのですか、と言いたいところですが、仕事優先で生きてきた方々に文化的な機会を提供する意味からも、男性を対象とした取組みの充実が求められるところです。

⑥快適な地域づくり活動―地域の輪、そして和―

自分たちの広い意味での生活空間をより良きものにしていこうというこの活動は、生活の質を高めていくためには不可欠のものです。環境問題への対策も意識し、地元自治組織などと充分な連携を取りながら、生活に密着したことから誠実かつ着実に取組んでいくことが肝要です。農家組合員に限らず、ＪＡと関係が乏しい地域住民においても関心の高い活動です。組合員資格にかかわらず、来るものは拒まずの姿勢で、取り組みの輪を広げていくなら、地域の和が形成され、快適な地域が作り上げられるはずです。

⑦生活金融・保障活動

これは、信用事業と共済事業の領域ですが、組合員・利用者世帯における適切な金融・保障のあり方を、当事者と一緒になって検討しながらこれらの事業が進められているのか、やや疑問の残るところです。ムリ・ムダ・ムラのない、合理的で賢い貯金や共済の入り方を、もっと学習する機会があっても良いはずです。生活金融・保障活動は、生活設計活動と密接な関係にもあります。これらの活動を統一的に行い、信用・共済担当者からアドバイスを受け、賢い信用・共済事業の利用について学ぶとともに、自己責任のもとで満足できる関連商品を求めて、世界を広げていくのも意義深いものです。

## （三）総合力の発揮にむけて

毎回毎回全国ＪＡ大会が開かれるたびに「総合力の発揮」が取り上げられます。総合ＪＡにとっては総合力の発揮が課題なんですか、と突っ込みたくなります。それくらい、総合力の発揮は難しいことなんでしょうが、基本は、総合的な存在である組合員の営農と生活にかかわる多種多様な事業が、互いに連携を取ることによって新たな価値を創出し、それを組合員に提供することです。それが困難だということは、事業同士の連携が乏しく、事業が単に羅列されているだけ、ということでしょう。

その最大の要因は連合会の姿勢です。当然といえば当然かもしれませんが、連合会における組織的思考にあるのは、悲しいかな自分の事業のことだけです。他の事業のことは念頭にないと思っていた方が良いでしょう。ましてこの経済環境ですから、事業ごとの縦割りが日に日に強化されるわけです。その結果、総合ＪＡは連合会の寄り合い所帯の様相を呈するようになります。組合員が総合的存在であるがゆえに、総合事業体の形態をとっていますから、何とかその特長を生かす態勢かつ体制づくりが求められるわけです。

具体的にいくつかの方法が考えられるわけですが、最近では、総合ポイント制に一縷《いちる》の望みを託しています。というのは、ポイント集めは事業のつながりに直結するからです。現在は、ポイント制度を賢く活用できなければ賢い消費者にはなれない時代です。だから、グループとしていかに総合ポイント制を導入確立するかが重要な課題なわけです。さらに、職員間の横の繋がり、連携を密にし、いわゆる「同僚性《ドウリョウ》」を強化していくことです。

もう一つが、JA段階においてJA独自の戦略を確立し、その基準に照らして各事業をどのように展開していくのかという姿勢を貫くことです。連合会のためにJAが存在しているわけではないのですから。

なお、「総合ポイント制」と「同僚性」については、本章末に補節一、二として詳述しています。ご参照下さい。

## 七　「賑《にぎ》わいの場」づくり―〝出向く〟姿勢を問う―

「組合員のJA離れ」「逃げる組合員、追うJA」というフレーズが語られるのは、今に始まったことではないわけですが、最近の経済事業改革を中心に「出向く」がキーワードになり、事業全般に「出向く」思想が浸透しつつあります。たしかに、耳障《みみざわ》りの良い言葉ですが、耳障りの良い言葉ほど要注意です。出向いてもらった人や集落は良いですよ。でも出向かれていない人たちにとってはどうでしょう。用事があって支所・支店に行った時、ただでさえも人員削減のあおりで人が少なく、さらには、多くの責任を委《ゆだ》ねられてはいないパートや派遣職員が含まれているなかで、用件をキッチリと済ますことが可能なのでしょうか？

出払《ではら》っていて、ほとんど用事ができなかったとしたらどうなのでしょう。「いつ行ってもおらんぞ」と言うことになりかねない。「行けば、多くの職員がいて、すべての用件を一度ですませて帰路につける」これが理想です。「待っていても組合員さんはおいでになりませんから、自分たちが出向くのです」と反論される人も少なくないでしょう。しかしそこには大切なことが欠落していす。待っているだけでは組合員さんが来ないのならば、組合員が行きたくなる支所・支店になる努力をしてきたのかどうか、ということです。

ご高齢の方でも行きたくなるような、そこに行けば何かが得られるような、質量ともに備わったサービスや情報が発信・提供される「場」とならなければならないわけです。一言でいうならば、老若男女が集う「賑わいの場」づくりです。

ちなみに昨日、皆さんの支所・支店に何人の組合員や利用者が来られましたか。残念ながら、それほど胸を張っていえる数ではないのでは、と余計な心配をしております。

組合員に認められ信頼され、それによって地域に認められ信頼される農業協同組合を何人《なにびと》たりともつぶすことはできません。どうぞ、それぐらいの気概《きがい》を持って、「賑わいの場」としてのＪＡ

づくりに励《はげ》んでください。

## 八　協同の力でＱＯＬ（生活の質）の向上

多様な事業や活動を通じて、組合員の経済的社会的そして文化的地位の向上を目指すことは、換言すれば、組合員のＱＯＬ（Quality of Life、生活の質）の向上を目指すことです。諸問題を抱える現下の農業や農村、そしてＪＡとかかわる中で、組合員のＱＯＬが向上しているかと問われたとき、向上していると自信を持って答えられる状況にはありません。

例えば、農村の高齢化問題を取り上げ、それとＱＯＬの関係をモデル的に示したのが図5です。家族の介護問題などを頭に描くだけで、伸びる寿命とそれに追いつけないＱＯＬの関係を理解していただけるはずです。上昇する寿命曲線とその伸びには追いつけないＱＯＬ曲線のギャップを「生き地獄」と表現しています。

組合員を「生き地獄」状態に陥らせないためには、ＱＯＬ曲線の底上げが不可欠です。そのために必要なのは三つの力、すなわち「国の力」「個人の力」そして「協同の力」です。いずれも必要不可欠ですが、社会保障費を削減する動きが加速する中で、悲しいかな「国の力」には多くを期

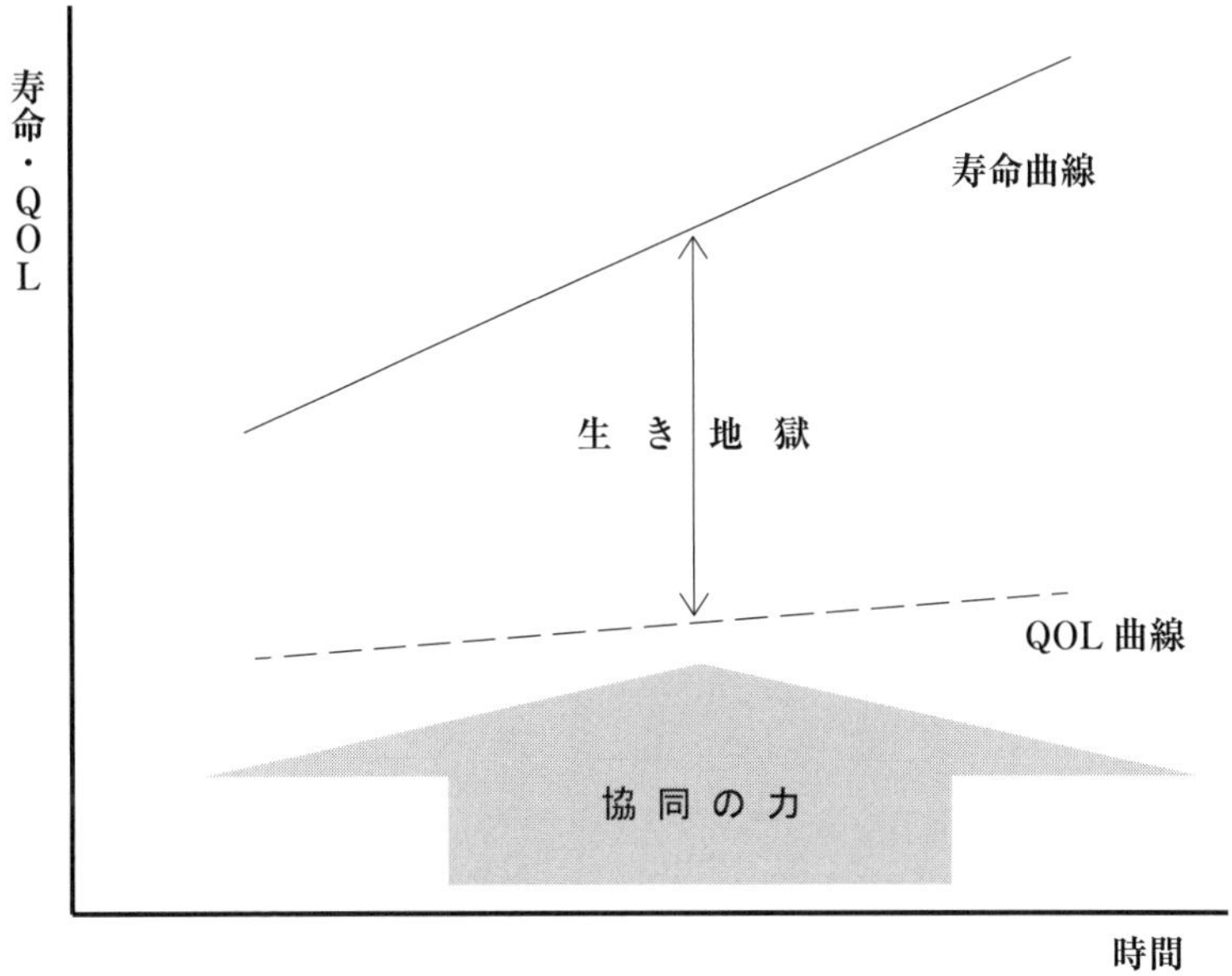


図５　生き地獄（＝寿命－QOL）と協同の力

待することができません。また、格差が拡大する中で「個人の力」にも限界があります。ＪＡにおいてこれまで営々として取組まれてきた事業と活動は、明確に意識されたものではないにせよ、いずれも「協同の力」によるＱＯＬの底上げに貢献することです。

今、事業と活動にかかわっているＪＡの役職員はもとより、これまでの役職員の取組みは、組合員はもとより地域住民のＱＯＬの下支えや向上に貢献するものです。そのことに誇りと自信を持つとともに、それが協同組合における役職員の「使命」と認識し、日常の事業や活動に取組むことが求められます。そしてその成果は、役職員のモチベーションを高めてくれるはずです。

## 九　職員へのエール

さて、反論に対する予防線を張るわけではありませんが、講義も講演も、提供できるのは、枠組み、骨組みまでです。それから先の肉付けや身繕《みづくろ》いは、各々がやることです。時々、ご自分の支所・支店ではどうすべきか、もっと具体的に教えなさい、話しなさい、と言われる方がいますが、私が述べてきたことの中から、一つでも、二つでも使えるところを見いだして、修正しながら取り込んでいってください。

もちろん組合員は、もっともっと当事者意識を持ち積極的に事業を利用するとともに、運営への参画を通して、出資金に込められた期待をアピールする。役職員は運営全般を通じて、それに誠実に応え続ける。そこにはじめて、組織としての創造的な緊張関係が創出されるわけです。だから、皆さん方職員の果たすべき役割が大きいことには多言を要しません。

最後に、職員のあり方について五点ほど申し上げます。

まず第一に、自分の強み、得意技を見つけ出して、それを徹底的に鍛え、磨き上げることです。

教員経験、子育て経験、そして自分が受けてきた教育を振り返るとき、その根底には、不得手《ふえて》領域、苦手科目、いわゆる弱点や短所の克服、あるいはいかがわしい表現ですが、「人並み」にすることがあることがわかってきました。

しかし、弱点、不得手、短所、それらは簡単には克服できません。それればかりか、それらに気をとられすぎると、得意技や強み、あるいは長所がさびつき、「人並み」かそれ以下になってしまう、そんな悲しむべき事態すら起こります。

生きていく軸、基盤は、強み、得意技、そして長所にこそあります。これらを磨き上げたら、弱点、不得手、短所に対してもゆとりある対応ができ、少しは克服できるようになります。

第二に、そのためにも自分への投資を怠らないことです。自分自身が気づいていない、開花されていない才能が隠れています。埋もれています。それを隠れたまま、埋もれたままにしているのは個人にとっても組織にとっても損失です。それを表に出し、新しい自分に出会うこと、それが自己実現です。

そして、投資には自己資金（身銭《みぜに》）を充てることです。組織や人様の資金と自己資金との間には、コスト意識に明らかな差が出ます。そして、それが成果における顕著な差となります。自己投資による研鑽《けんさん》を積み重ねて、組合員や同僚から信頼を獲得してください。

第三に、〝出る杭《くい》〟になることです。出る杭は打たれる、というのが通り相場ですが、出すぎた杭は打たれません。万一打たれても、もう打つ気にならなくなるほどのダメージを相手に与えてください。出る杭にならなければ、悔《く》いだけが残ります。

第四に、成長や発展に失敗はつきものです。「小さなけがをしない者は大けがをする」ということを、子どもがお世話になった幼稚園の先生から教わりました。金属深絞《ふかしぼ》り加工の世界的職人・岡《おか》野雅行《のまさゆき》氏はあるテレビ番組で、「失敗なんかしたことないでしょう」と問われて、「そうよ。失敗なんかしないよ。だって、成功するまでやるんだから」と言って、豪快に笑いました。もちろん、失敗はするんです。でもそれを次の展開の糧《かて》にする、あるいは、宿題・課題にする。諦めたときにはじめて「失敗」となる、ということなんです。確かにそう思っていれば、失敗なんて怖いものじゃあないんですね。

ところで、今日の皆さんのライバルは誰ですか？

いろんな人たちの顔が浮かんできたはずです。でも、今浮かんだ人はライバルではありません。〝昨日の自分〟こそが、最大のライバルです。

ある方が、「人間なんて、妬《ねた》み心が洋服を着ているようなもの」と言われた時、ドキッとしました。なぜなら「妬み、嫉《そね》みの小松」だからです。そんな私でも、何か新しいこと、ワクワクすることに取組んでいる時には、他人の動向は気になりません。自分が充実し、納得できる時間を過ごすことが大切なんです。だから、昨日の自分よりも今日の自分が充実し成長すること、つまり「本当のライバルは、昨日の自分」であることに気づいた時、妬み嫉みの呪縛《じゅばく》から解放されました。でも、明日の皆さんにとって、今日の皆さんは手強《てごわ》いですよ。なぜなら、私の話を聞いたからです。

## 補節一　Aコープの閉店が及ぼす影響と課題

NHK「クローズアップ現代」（二〇二三年一二月五日）は、「あすのごはんが買えない……暮らしを脅《おびや》かす〝スーパー閉店〟」というタイトルで、スーパーの閉店により〝買い物困難者〟が増え、利用者はもとより取引業者など多くの利害関係者に多大な影響を与え、地域社会を揺るがしていることを取り上げました。

### 一　鳥取県内全Aコープ〝一斉閉店〟の衝撃

ただし、「クローズアップ現代」の放送内容の多くは、中国地方で放送されたNHKコネクト（二〇二三年一〇月二七日）「スーパーが消える町～買い物危機 最前線の現場から～」をベースにしたものでした。

「コネクト」では、長年にわたり地域を支えてきた鳥取県内3JA（JA鳥取いなば・本店鳥取市、JA鳥取中央・本所倉吉市、JA鳥取西部・本所米子市）関連のAコープ一七店舗が〝一斉閉店〟を決めたことを軸にして、高齢化が進む中山間地で買い物空白地帯が生まれ、地域ごと衰退しかねない事態を憂慮《ゆうりょ》する企画でした。出演していた専門家は、「この問題は、地方のみならず今後全国で起こりうる」と指摘しました。換言《かんげん》すれば、全国どこのJAであってもおかしくない事態ということです。

## 二　JA鳥取いなばの苦渋の決断

ここでは、3JAのなかで最も多い九店舗（JAの一〇〇％子会社「トスク」が運営）を閉店したJA鳥取いなばを事例として取り上げます。

「コネクト」のインタビューで清水雄作《しみずゆうさく》代表理事組合長は、「郊外型の店舗や、店舗の形態がどんどん変わってくる中で、少し競争力が弱ってきた。今の利用者へのサービスをできるだけ展開するためにどうしたら良いのかを常に考え、ずっともがいていました。スーパーだけでなく、JAも一緒に経営がなり立たなくなる。残念ですが、こういう結論に達した訳です」と答えています。日本海新聞（二三年二月八日付）は、「持続可能なＪＡの経営基盤の確立に向け、積年の課題に大なたを振るう決断となった。一方で中山間地域や高齢化が進む中心市街地の生活基盤サービスの一翼《いちよく》を担っていた店舗の閉鎖は、大きな驚きを持って受け止められている」と、全店閉店を検討していることを報じました。

さらに、「同業者が出店を敬遠する中山間地域でも店舗を維持し、移動販売や介護用品販売、夕食宅配事業にも力を入れてきた。地域の生活基盤サービスとして事業の重要性は高い半面、中山間地域では、過疎などで利用者は減少を続けていた。一六年以降は、市街地店舗でも他店やドラッグストアなどとの競争が激化して収益状況が悪化。二二年一月期決算の売り上げ高は、五七億五九七〇万円で、一億七一四万円の赤字となっていた」と悪化する経営状態も紹介。

これまでに二店舗の閉鎖や、二月から本店などで閉店時間を繰り上げて経費の圧縮を図るなど、厳しい状況に追い込まれていました。加えて、老朽化する本店建物の大規模改修や建て替えが喫緊の課題となっていますが、事業継続には巨額の費用が見込まれます。他方、監督当局が早めの経営改善を促す「早期警戒制度《そうきけいかいせいど》」のＪＡへの導入を強く意識せざるをえません。このような状況の中で、ＪＡ経営の十分な健全性を確保するための苦渋《くじゅう》の決断に至ったことを伝えています。

## 三　「閉店期間」をどう乗り切るか

そして九月三〇日、七月末に閉店した二店舗に続き、最後に残った七店舗が閉店しました。日本海新聞（二三年一〇月一日付）や読売新聞（二三年一〇月一日付地方版）によれば、七店舗中二店舗は、市内に本社を持つ地元スーパーが運営を引き継ぎ、改修後に再度開店。一店舗も同社に売却されるが、店舗としては存続しない。本店は一部の専門店のみ営業し、二四年六月末までに解体が始まる見通し。二店舗は、複数のスーパーとの引き継ぎ交渉中。一店舗は店舗としては存続せず、地元自治体や地域と活用法を協議中とのことでした。

店舗を引き継ぐ場合でも開店の時期が未定のため、地元自治体が週二、三回、鳥取市内のスーパーまで町民のためのバスツアーを行うことや、地元の小売業者が移動販売を始める予定とのこと。また、町営バスのルートを変更するなどして、町内の別のスーパーを経由する便を増やすなど、「空白期間」を乗り切るために苦慮していることなど、切実な状況を伝えています。

## 四　難儀《なんぎ》する利用者

当然、利用者の暮しに悪影響を及ぼしています。

閉鎖された店舗の前に住んでいる八〇代の女性は、「そりゃさみしいです。地元住民にとってはとくに。……若い人にとったら、どうってこと無いでしょうけど、私ら高齢者にとったら、なくてはならないスーパーです」と、NHKのインタビューに語っています。

偶然か、その最中に、移動販売車が流す音楽が聞こえますが、悲しいかな品揃えはスーパーにかなわない。一番近いスーパーは三キロほど離れているので、行政からのタクシー利用助成制度を利用しようと考えているが、一回三〇〇円の個人負担が必要。往復六〇〇円。年金暮らしには大きな出費。「高齢者泣かせですよ、本当に世の中。それを痛感しますね」との言葉が胸に刺さりました。

一人で買い物に行けない高齢者にとってはさらに深刻です。

こちらも八〇代の女性。三キロほど離れた集落に住む七〇代の親戚にスーパーへの送迎を頼んでいます。「スーパーに行って、人の顔が見えたら、あの人も元気だなと思って、それが楽しみだった。少しは家から出たい」と語るが、遠慮もあります。今後は一六キロ離れたスーパーへ行かざるを得ないが、頼りの親戚も積雪を心配します。

「大事だで、一番大事。何をおいても一番大事だと思うで、買い物は」「(買い物に連れて行ってとは) 言いにくいな。言いにくいけど、それでも食べなならんだけ、(買物に) 連れてってと言うかも分からんで」と、笑いながらの言葉に不覚《ふかく》にも涙腺《るいせん》が緩みました。

「クローズアップ現代」で紹介されていた六〇代女性は、スーパーの直売コーナーに仲間四〇人ほどと野菜を毎日出荷していました。そこでみんなと会えることが楽しみだったが、その機会もなくなることになりました。

店舗の前に立ち、かつては自分たちの野菜が並べられていた場所を見ながら「悔しいですね」と涙します。

## 五　総力を挙げて「地域と共に、暮らしと共に」を実践せよ

失ってみて改めて、Ａコープが「生活店舗」として重要な役割を果たしていたことがわかるわけです。経営者も職員も懸命に努力してきたはずです。しかし、ＪＡグループとして総力をあげてＡコープの存続に尽力したのでしょうか。連合会は自分事としてどこまで積極的に関わったので

しょうか。改めて問いたい。

店舗に「地域と共に、暮らしと共に」という言葉が記されていました。これからでも遅くはありません。鳥取県に限らず、ＪＡグループに求められているのは、総力挙げてこの看板に偽りがないことを実践することです。

## 補節二　ポイント還元制度とＪＡグループの対応

二〇二四年四月二二日、三井住友フィナンシャルグループが展開する「Ｖポイント」とカルチュア・コンビニエンス・クラブ（ＣＣＣ）の共通ポイント「Ｔポイント」が統合し、新生「Ｖポイント」としてサービスを始めました。

新たなサービスの誕生で、利用者を囲い込む経済圏競争が激しさを増すのは必至で、メディアからは「ポイント戦国時代」という言葉が聞こえてきます。

株式会社野村総合研究所のニュースリリース（二〇二三年一二月二八日付）によれば、二〇二二年度の民間部門におけるポイント・マイレージの発行額）を、二一年度の一兆八三四億円から約一四％増加し、一兆二三四二億円と推計しています。今後も発行額は増加を続け、二七年度には一兆六千億円を突破する見込みだそうです。

注目したのは、近年、鉄道系事業者がグループ共通ポイントを導入する動きが盛んになっていることです。

リリースでは、「具体的には、JR西日本グループは二〇二三年四月に、JR東海グループは二〇二三年一〇月にグループ共通ポイントを開始しており、相鉄《そうてつ》グループは二〇二四年三月にグループ共通ポイントの開始を予定しています。グループ共通ポイントは、グループ内に顧客を囲い込める点やポイント・データを自由度高く活用できる点が魅力であり、また、グループ内で会員プログラムを一本化することで業務効率化や費用削減効果も見込まれます。今後は、新たなグループ共通ポイントを開始する企業の増加や、加盟店数の拡大によるグループ共通ポイントの規模拡大が考えられます」としています。

「ポイント戦国時代」は二〇〇〇年代に入った頃からすでに始まっており、必ずしも驚くべきことではありません。

後述しますが、JAグループも二〇〇六年一〇月開催の第二四回JA全国大会で総合ポイント制度の導入を検討することを決定しました。

それから二〇年近くが経とうとしていますが、前述の鉄道系事業者グループのような動きなどはまったく見られません。

私も、「ＪＡ非敗戦略とポイント還元制度――総合力の発揮は可能か――」（『ＪＡ金融法務』経済法令研究会、二〇〇七年三月）を書き、前著の一章にもなりました。「第二期ポイント戦国時代」において、ＪＡグループとしてポイント還元制度といかに向き合えば良いか。もしこれから検討することがあれば、検討資料の一つに加えていただくことを願って、加筆修正を行い紹介します。

## 一　動き出すＪＡグループ

二〇〇六（平成一八）年一〇月に開かれた第二四回ＪＡ全国大会では、

全中は、関係全国機関の協力のもと、総合事業を営むＪＡの特性を活かし、組合員加入促進等に資するべく、総合ポイント制度の導入について、ＩＣカードの活用等を含めて、検討します。さらに、全中は、関係全国機関等の協力のもと、ＪＡ段階での事業間連携事例を収集し、その有効性や全国機関等での連携の必要性について確認したうえで、所要の支援策を検討します。(1)

として、総合ポイント制度等の導入を検討するとともに、事業間連携の強化を決議しました。

大会議案書全体の流れから、〝JAグループの主要事業量の減少傾向〟のなかで、〝総合事業の強み〟を発揮しうる〝環境変化に応じた新しい事業方式の確立〟が不可欠となったが、その事業方式を確立するためには、〝連合組織間の連携を強め、総合事業を営むJAの特徴を活かした事業間連携を実現〟しなければならない。その実現に向けた具体策の一つとして、「総合ポイント制度」の導入が取り上げられたことが推察されました。

## 二　JAとポイント還元制度の微妙な関係

しかしこの決議を当然のこととして、手放しで賛同することには疑問を禁じ得ません。なぜなら、〝ポイント・ネットワーク間競争〟に参画する小売業・サービス業とJAでは、組織制度面においていくつかの重要な差異が存在するからです。原則論でいえば、JAは総合事業体であり、組合員の参画を前提とした組織運営を行い、利用高に応じた配当を行うことにより剰余金を還元しています。ポイント還元制度を導入し、組合員とのつなぎ機能を得る必要性はない、と言ってもよい条件を有しています。にもかかわらず、ポイント還元制度を導入しなければならないとすればその理由は何か、この点に関する考察が求められます。

## （一）JAは本当に総合事業体か？

ＪＡは、その前身ともいえる産業組合の設立初期から認められた四種兼営《よんしゅけんえい》（信用、購買、販売、利用という四つの業務をあわせて行えること）を引き継ぎ、一九四七（昭和二二）年の農協法制定当初より、その第一〇条によって多種多様な事業に取組むことが認められています。そして、農業者を中心とする組合員世帯の営農と生活の各局面に必要な事業を一貫して行うことで、その経済的・文化的・社会的ニーズに応えられる事業体と位置付けられます。

さらに、個々のＪＡがすべての事業を自己完結的に行うことは困難であるために、補完機能の発揮やスケールメリットの実現を目指して、主要事業ごとに連合会が設けられ、ＪＡと連合会による事業組織を形成しています。まさにポイント還元制度を導入して総合性を獲得する必要性のない事業体です。にもかかわらず、全国ＪＡ大会が開催されるたびに、「総合力の発揮」という課題が提起されてきました。

まず確認しておかねばならないのは、多種兼営体と総合事業体は違う、ということです。

前者は単なる事業の羅列《られつ》、後者では、事業間の連鎖性《れんさ》によって新しい価値が生み出されます。当然、後者を目指すべきですが、ＪＡの主体性が欠如し、連合会への依存が強まるにつれ、事業ごとの独自性が主張され、事業部門間の連鎖性は衰微《すいび》します。このため、組合員にとって総合事業体としてのＪＡの魅力は低下します。

現状はこの状態に近いといえます。大会議案に、連合組織間の連携問題や、総合性の発揮問題が提起されるのはその証左です。事業間のつなぎが欠如し、単なる事業の寄り合い所帯となっていることの打開策として、この制度の導入が提起されたと考えられます。

## （二）組合員は顧客か？

ポイントによる顧客の囲い込み、すなわち不特定多数の顧客をいかに常連客として特定多数化するかが、小売業やサービス業におけるポイント・ネットワークへの参画目的の一つであることは言うまでもありません。

しかしＪＡには、その事業を利用する目的で出資金を払い込んだ組合員が存在します。ＪＡに限らず協同組合において、組合員は、事業利用を前提として加入し、その目的が達成できるよう運営に参画し、組織のあり方の最終的意思決定にかかわる権利を有する主権者です。

利用者、運営者、主権者という三位一体《さんみいったい》的性格を有する組合員は顧客ではありません。ゆえに囲い込む対象ではないのです。しかし、「組合員の顧客化」は強まっています。それを象徴するのが、組合員の利用者としての側面のみを強調するＣＳ（顧客満足度）ブームです。

もちろん、利用者としての組合員に対するぞんざいな姿勢は論外ですが、顧客としてだけ位置付けることで、無自覚な組合員をつくり出すとすれば、協同組合は危機に陥ります。組合員がその三位一体的性格を自覚し、ＪＡの事業について積極的に提言し、主体的に参画するならば、事業そして経営全般は確実に好転します。

ところが、そのような機運は感じられないばかりか、事業そしてＪＡ運営との距離は拡大する一方です。そのため、ポイント還元制度には事業利用へのつなぎ機能に期待する、という状況です。ただし、その距離を埋めることまでも期待するのは酷《こく》です。組合員の主体的参画を促進することで、顧客満足ではなく、納得できる事業やＪＡ運営を目指すこと、すなわち組合員納得（ＭＳ＝Member Satisfaction）こそが追求されなければならないのです。

## （三）関所を抱える利用高配当

組合員が有する権利（自益《じえき》権）の一つに、「その出資組合に法律上処分可能な剰余金がある場合、法令および定款の定めに従って、剰余金を組合員への配当として処分することが総会で議決されたときに、その決議の内容に従って配当金の支払いを受けることができる」とする、配当金支払請求権があります(2)。そしてこの権利は、事業利用高に応じて配当を受ける権利と、組合員の出資に対して利子相当分を受ける権利からなっています。

ポイント還元制度と性格が似通《にかよ》っているのは、前者の権利にもとづく、いわゆる利用高配当です。これは協同組合ならではの還元方法です。ただし、ポイントは購入したその瞬間に権利が得られますが、利用高配当に関しては、法律上処分可能な剰余金と、総会での議決、この二つの関所を通ってはじめて得られる権利です。この違いがおよぼす影響は小さくありません。

株式会社ぶった農産社長佛田利弘《ぶったとしひろ》氏は、この点について、「利用高配当というのは、専業的経営にとって非常にまどろっこしい話なんですよ。値段は最初にはっきりしてほしい。…戻ってくるかこないかわからないものを当てにして、ものづくりはできないですよ」(3)と、指摘しています。多くの組合員が同感でしょう。ポイント戦国時代が利用高配当のまどろっこしさを気づかせ、ポイント還元制度の導入を後押ししているようです。

### (四) 導入効果への条件付き賛意

以上より、ＪＡは総合事業体というよりも多種兼営体のレベルにとどまり、組合員はその三位一体的性格を弱め、利用者さらには顧客としての性格を強め、利用高配当は還元方法としては関所が多く組合員にとっては当てにしにくいもの、ということが確認されました。

企業形態は異なっていようと、ポイント戦国時代に確固たる地歩を占めようとするならば、まずは、ＪＡの魅力が絶対的なレベルで低下していることを冷静に認識することが必要です。事業体として継続するためには、組合員や利用者に選ばれ続けなければならないのです。

しかし今のままでは、ジリ貧傾向から脱却することは困難です。ＪＡにおいても、ポイントがもつ〝つなぎ機能〟（一つは、組合員と各事業とのつなぎ、もう一つは、事業間のつなぎ）に期待せざるを得ないでしょう。ただし、ＪＡならではの還元制度の構築を条件として付さなければなりません。さもなくば、中途半端であるがゆえに、一方では、組合員や利用者との信頼関係を損《そこ》ね、他方では、既存のポイント・ネットワークに翻弄《ほんろう》されることになるでしょう。

## 三　ＪＡ総合ポイント・ネットワークの枠組み

ＪＡならではのポイント還元制度は、ＪＡの「非敗戦略」と矛盾することがなく、〝ＪＡ総合ポイント・ネットワーク〟と呼ぶに値するものでなければならないはずです。「非敗戦略」とは、組合員とＪＡ役職員との間に成立する信頼や納得に支えられた協同原理にもとづく事業戦略で、筆者の仮説的造語です。それには、ＪＡの事業戦略が、敗北しないこと、しぶとく残り続けること、さらには勝敗を越えた理念にもとづく戦略であるべき、という思いが込められています。

ＪＡ総合ポイント・ネットワークが非敗戦略と整合的であるためには、次の三要件の充足が求められます。

第一に、その運営に関しては、組合員・利用者の意見を十分に取り入れることです。そのために、組合員・利用者が参画する場や機会を設けることが必要です。

第二に、事業間のつながりを価値創造的なものにし、総合事業体としての態勢を確立することです。そのためには、連合組織の連携が不可欠です。ここに風穴をあけることができなければ、当該制度の成功は保証されません。

第三に、個々のＪＡ単位にとどまるのではなく、ＪＡ間の全国ネットワークを確立することです。ＪＡ間で、取組み内容に差が生じることが少なくありません。転勤、転職、あるいは移住等々により人は移動性を高めています。関連する制度を整備し、全国のどこのＪＡと取引きしても、問題なくポイントが付加されるような全国的ネットワークづくりに取組むことが必要です。

さて、この要件の充足に努める際に決して忘れてならないのは、ポイント還元制度がもたらす効果は、ＪＡが提供する財・サービスの質と価格が、他の事業体と比べて優るとも劣らない場合だということです。いかにこの制度が充実していても、本業がおろそかになっていれば効果を発揮することはできません。当該制度の充実整備と並行あるいはそれ以上に、充実した財・サービスの提供がなされなければならないのです。

事業と還元制度、両者の充実が車の両輪として機能してはじめて、ＪＡ総合ポイント・ネットワークは非敗戦略において重要な役割を演じることになります。

注

(1)全国農業協同組合中央会『第二四回ＪＡ全国大会決議　食と農を結ぶ活力あるＪＡづくり―「農」と「共生」の世紀を実現するために―』九五頁、二〇〇六年一〇月

(2)全国農業協同組合中央会『新農業協同組合法』五七頁、二〇〇六年

(3)『農業と経済』昭和堂、二〇〇六年八月号三三―三四頁

## 補節三　同僚性と総合性

ドウリョウセイ。この聞き慣れない言葉が、「同僚性」であることを知ったのは二〇〇八（平成二〇）年の一月。当時編集に携わっていた岡山大学の広報誌『いちょう並木』の特集座談会に立ち会ったときです。

最近の教育学を出自《しゅつじ》とするこの言葉は、「同じ学校、園に勤めている同僚が、本当の意味で助け

合って仲間になって仕事ができる状態。学校等においてつくられる助け合いの文化のようなもの」（宇都宮大学教育学部松本敏《まつもとさとし》教授）と説明されており、課題山積である教育現場の態勢づくりにおけるキーワードとなりつつあるようでした。

裏を返せば、子どもや保護者が出しているサインをいち早く見つけ出し、打てる手を迅速に打つために、同僚性、すなわち教員同士の協力態勢こそが不可欠であるにもかかわらず、その崩壊と欠如という悲しむべき実態が想像されました。

先輩が後輩を指導しない、後輩が先輩に聞かないというのが非常に広がってきているんです。コンピューターに向かって仕事をすることが増え、周りの人とは対話をしないという状況が見られるようになってきています。

とは、座談会に出席していた県教育庁指導課長の発言です。

同僚性がキーワード化しているのは教育現場だけではありません。ちょうどその頃、ある大手総合商社が、社員同士のコミュニケーションが激減していることへの危機感を最大の理由に、「社員寮」を復活させたことをニュース番組が伝えていました。バブルの崩壊を契機に、経営合理化の一環として廃止を打ち出していたにもかかわらずです。

ソウゴウセイ。すなわち、営農と生活にかかわる事業を総合的に行うという「総合性」によって、農家組合員と幅広く、そして深く結びつくことを特徴の一つとするJAグループにとっても、同僚性がもつ意味は大きくかつ重いものです。

しかし、資格認証試験にかかわる課題論文において、「入組《にゅうそ》して二〇年以上が経ちましたが、これまで自分の専門以外の業務についてはほとんど関心がなく、ましてJAの総合性とか総合力の発揮についてはは考えてきませんでした。この論文試験がそれを考えるいい機会になりました」という件《くだり》を一遍ならずも読むとき、事業ごとの縦割りが強化されるなかで、分断された職員たちが、総合性を意識することもなく、自分の担当する業務に埋没《まいぼつ》していっている情景もまた容易に想像されました。

総合JAの中堅職員ですらこのような状況だとすれば、連合会職員にいたっては言い及ぶ必要はないでしょう。連合会職員とJA職員が同じテーブルで情報や知識を共有できるような、一体的な研修会の必要性をことあるごとに指摘しても、改善のきざしもなく、〝物言《ものい》えば唇寒《くちびるさむ》し秋の風〟の感を深めています。

競争条件の同一化を求めて、他業態はJAの総合性を批判していますが、それは取りも直さず垂涎《すいぜん》の的《まと》であることを意味しているのです。

総合性の強化には同僚性の構築が不可欠です。その努力を怠ったときJA解体論の大合唱を待つまでもなく、自壊《じかい》の道を進むことになるでしょう。

# 第四章　ＪＡ教育文化活動の新地平

## 一　「関係の貧困」と「信頼」

### (一)「安心」から「信頼」へ

「集団主義社会は安心を生み出すが信頼を破壊する」、この刺激的なメッセージを発するのは山《やま》岸俊男《ぎしとしお》氏の『信頼の構造』（東京大学出版会、一九九八年）です。

氏によれば、伝統的な村落共同体を一つの典型例とする集団主義社会では、集団の構成員に対する贔屓《ひいき》が強いため、仲間とだけつきあっている限りは、人に利用されたりひどい目にあうことの心配がない。このため、「安心」は生み出される。しかし、人間一般に対する「信頼」、すなわち相手の内面にある人間性や自分に対する感情を総合的に判断したうえで、そんなにひどいことはしないだろうとする考えを生み育てるメカニズムを持ち得ていない。

日本社会も例外ではなく、集団の凝集性《ぎょうしゅう》を高め、外部に対して閉ざされた関係の内部で安心していられる相互協力態勢を確立することで、社会や経済の効率的な運営を達成してきました。しかし近年、特定の固定化された相手との安定した取引きから得られる「取引コスト」の節約以上に、特定の関係を固定化することによって、断念しなければならない利益機会が無視できないほど大きくなっており、閉鎖的集団主義の安心社会から、開放的機会重視の信頼社会への転換が不可避とされています。そして、特定の関係にはない人間に対する信頼の醸成レベルが、転換の成否の鍵を握っているため、その醸成に取り組むことを重要な課題としています。

## (二)「関係の貧困」論再考

さて、この本を冒頭で取り上げたのには二つの理由があります。一つは、ＪＡグループも集団主義社会の典型例の一つであり、同様の課題に直面しているからです。グループは、決して信頼を基盤としたものではなく、グループ内にいることとの相対的安心感に支えられたものといえます。しかし、ＪＡ事業に対する組合員の選択的利用を主要な契機として、その安心基盤も揺らぎ始めています。安心関係の再構築ではなく、組合員とＪＡ、さらにはＪＡと連合会、といった構成員間における信頼関係の構築こそが喫緊《きっきん》の課題となっています。

もう一つの理由は、ＪＡにおける教育文化活動の意義とあり方を考えるうえで、極めて示唆に富んでいることです。

私も一九八五（昭和六〇）年頃から生活活動論にかかわる機会を得て以降、そのあり方には関心を寄せてきました。そして生活に関する活動の意義が、「『関係の貧困』からの解放」にあるのではないかという問題提起をしました（「『関係の貧困』からの解放のために農協は何ができるか」『農業と経済』臨時増刊号、富民協会、一九八八年）。そこでは、農家や農村一般については、経済的貧しさからは解放されたにもかかわらず、人との出会い、文化や芸術との出会い、多様な商品・サービスとの出会いなど、さまざまな事柄と関係を結ぶことによって、自分の世界を広げていく機会が少ないために、経済的豊かさが生活の豊かさに展開されにくいことを指摘しました。そしてこのような状況を「関係の貧困」と呼び、農家や農村を「関係の貧困」から解放することこそ、ＪＡの生活活動の使命だとしたわけです。

残念ながら、この問題提起は、ほとんど注目されることもなかったのですが、必ずしもピントのはずれたものではなく、今日的には、農家や農村に限らず、日本社会にとって、私が考えていた以上に重い課題となっていることを、本書によって知らされることとなりました。

## （三）社会的知性と教育文化活動

山岸氏は、各種の実験から、信頼意識の高い人は、単なるお人好しではなく、情報に敏感であり、かつ相手が実際に信頼に値する行動をとるかどうかをより正確に予測できることを明らかにしました。そして、人間性一般を信頼するということは、やみくもに他人は信頼できると思いこむことではなく、「他人が信頼できるかどうかを見分けるための感受性とスキルを身につけた上で、とりあえずは他人は信頼できるものと考えるゆとりをもつこと」と、結論付けています。さらに、信頼意識を醸成させるためには、人間関係の中で他人の心や性質を理解したり、他者の信頼性を見抜く能力としての、「社会的知性」を身につけなければならないとしています。

社会的知性とは、単純に学校の成績が良好であるということを意味しているのではありません。その人が持つ世界の広さであり、「豊かなる関係」に裏付けられた広い意味での知性とでも言えるものです。そして、人びとの間に一般的信頼を醸成するためには、広い意味での社会的知性を身につける機会を増やさなければならないわけです。

まさに、関係は豊かであればあるほど良く、関係の豊かさに限度を設けるべきではありません。

このような視点に立つとき、組合員や利用者はもとより、職員そして役員の社会的知性をより高度なものとするための重要な機会を提供してきた生活活動、とりわけ教育文化活動が果たしてきた役割はもっと評価されてしかるべきであるし、その今後には大きな期待が寄せられねばならないはずです。

しかしこのことは、現在取り組まれている教育文化活動が、その役割を期待通りに果たしていること、あるいは果たし得《え》ることを意味しているわけではありません。少なからぬ問題を抱えていることも事実です。

そのような現状を踏まえつつ、信頼、社会的知性、そして豊かな関係の構築、これらをキーワードとして、教育文化活動の新地平の第一歩を築くことが次節以降の課題です。

## 二　賑わいの場づくりと子ども事業

### (一) 生活総合センター構想は幻か?

「組合員との結びつき強化をめざすふれあい型組織・事業運営の一環として、組合員の生活に関する様々なニーズに対応するため、くらしの総合相談活動や高齢化対策活動、生活購買活動、生活文化活動の活性化などを内容とする生活総合センター機能の整備・強化に取り組みます」と、高らかに謳《うた》ったのは、一九九一(平成三)年一〇月開催の第一九回全国農業協同組合大会です。しかしバブル経済の崩壊の影響を被ってか、徐々に生活総合センター構想（以下、センター構想）は勢いを失い、かつての営農団地構想と同様、センター構想も幻と化したようです。

## （二）賑わいの場づくり

生活総合センター構想の基礎調査等にかかわってきた一人として、私がセンター構想に求めていたものを一言で表すならば、「賑わいの場づくり」です。農家組合員・世帯員はもとより、地域住民ら老若男女が、それぞれの生活の質を高めるために集い、賑わう、そのような場の創出です。Ａコープを核とし、その二階では生活文化教室などが開かれ、金融店舗かＡＴＭ、それに生活に関する情報の受発信コーナーが設けてある。そんなイメージです。いわば、生活関連の財・サービスのワンストップ・ショッピングが可能で、利用者から「ここに来れば何でもあるね」と評価される「場づくり」です。

もちろん、センターの核となるべきＡコープの全般的な経営不振や、施設整備が伴うときの採算性への疑問、そして「ここに来れば何でもあるね」から「ここに来るまでに何でもあるね」と言われる、厳しい競争環境は無視できません。今、生活総合センター構想の復活を声高《こわだか》に訴えられないことは十分承知しています。しかし、「賑わいの場づくり」に取り組むことの意義は今もって小さくありません。

## (三) 不可欠なJA店舗の再生

JAを訪れた時、どうも閑散《かんさん》とした、そして緊張感のない店舗の雰囲気が気になって仕方がありません。要するに、賑わいを感じない。とくに合併前JAの本所・本店で、現在支所・支店となっている店舗は、それまでJAの中枢であっただけに、「零落《れいらく》の身」という印象を訪れた者に抱かせます。そしてそれが、ますます利用者の足を遠ざけさせているように思えるのは穿《うが》ちすぎでしょうか。

兼業農家が大多数を占めるご時世だから、あるいは渉外担当者がこまめに回っているからなどと当事者は、閑散としている理由を弁解がましく論《あげつら》うかもしれません。しかしヒアリング調査やアンケート調査結果などからうかがえるのは、「組合員のJA離れ」でも、「JAの組合員離れ」でもなく、「JAの組合員離し」です。前節では、JAの構成員が皆、世界を拡げて豊かな関係を創出すべきであることを指摘しました。しかし、身近で最も基本的な対象との関係性が貧しくなっているとすれば救いようがない。まずは、遊休施設化しつつある店舗を、もっと人が出入りする、賑わいの場として再生しなければならないでしょう。

具体的には、生活文化教室、あるいは高齢者の集う場所、もちろんさまざまな会合に対する利用開放、いろんなことが考えられます。それに加えて提案したいのが、老若男女の若、とくに小・中学生という子どもを対象とした事業での施設活用です。

今も昔も、子どもの健《すこ》やかな成長を家族は願っています。しかし、子どもをめぐる状況を知れば知るほど、子どもは他者からは窺《うかが》い知ることができない、きわめて難解な外的内的世界に置かれています。今、最も問題を抱えているこの年齢層に、家や学校、あるいは塾とも異なる次元から、信頼、社会的知性、そして豊かな関係の構築をキーワードとする場を、ＪＡとして提供できないものでしょうか。

食農教育、食育活動に取組み、「農ある世界」と深くかかわっているＪＡならではの場所が提供できるはずです。

## 三　職員の自己啓発とＪＡの自己実現

### （一）笑顔は自己啓発の賜《たまもの》ではない

「あなたが日頃行っておられる、自己啓発の内容について述べて下さい」

これは、私がＪＡ職員資格認証試験の面接試験でよく聞いていた質問事項の一つです。管理職の登竜門《とうりゅうもん》ともいえる認証試験においては、簡単すぎる質問と思いきや、多くの人がまともに答えてくれないことには驚かされました。あの手この手の誘導の後、一応の回答がなされます。

女性職員の中で多いのは、「窓口では笑顔を絶やさないよう努めています」という回答です。もちろん性別にかかわらず、魔除《まよ》けの置物のような顔をされるよりも、笑顔がいいに決まっています。しかし、それは自己啓発ではなく、職員としての最低限のマナーです。もちろん、努力しなければ、笑みを浮かべて組合員や利用者の接遇ができないとすれば、それはそれで問題です。いずれにせよＪＡにおいて、職員が自己啓発を意識的に取組むような、職場風土ができていないことを如実に示すエピソードです。

これほど変化が激しい状況下においては、いかなる事業体も、知恵、知識、そして情報の総称としての〝知〟を、組織における貴重な資源として、蓄積し活用していく姿勢が不可欠です。

## (二) 知の巡り

ＪＡにおける〝知〟に関する職場風土を考える上で、きわめて対照的なＪＡを二〇〇一（平成一三）年一一月に訪れました。一つを〝勇気あるＪＡ〟、もう一つを〝のんびりＪＡ〟と呼ぶことにします。北陸にある〝勇気あるＪＡ〟では、連合会からの仕入れに決して満足することなく、別会社を作ってでも商品の多元仕入れを行うことで、多様化する組合員・利用者の満足度を高めようとしていました。まさに勇気を持って、自己責任体制の確立に取組んでいたのです。もちろんノウハウの充実は不可欠です。中央会主催の資格認証は当たり前、その他にどれだけ専門的な資格をどん欲に取得し、実践に役立てているかで職員の評価が決まる、そんな職場風土ができあがっていました。こうなればしめたもの。放っておいても、〝知の良循環〟が自転運動し、まさに知の巡りの良いＪＡになるわけです。

他方、東日本にある〝のんびりＪＡ〟は、五ＪＡが合併して誕生しました。合併ＪＡといっても、職員数約一〇〇名、組合員総戸数二〇〇〇戸弱です。合併前ＪＡの職員数は平均二〇名前後で、いずれもが小規模であったためか、職員のほとんどは、研修はもとより資格取得とは無縁な職場環境におかれていました。管理職の多くが、初級の資格すら取得していない状況です。それでも何とかやってこられたことが、ますます研修や資格取得の意欲を低下させることに。〝知の悪循環〟が自転運動しているこのＪＡの場合、知の巡りは悪く、改革・改善の芽をみずから見つけることができません。たとえ見つけたとしても具体策を考えることに苦労していました。

考える癖がついていない組織、あるいは知恵を振り絞って考えるための努力を怠ってきた組織にとって、その悪循環から脱却することがきわめて困難なことを、〝のんびりＪＡ〟は教えています。

## (三) 八掛《はちが》けの悲劇

もちろん、〝のんびりＪＡ〟の全職員が何も考えていないわけではありません。

職員の意識調査には、「最近感じていることは、私も含め自分自身を磨かないということ。磨き方もいろいろあると思うが、資格を取るということ、読書をするということなど、自己啓発が見えてこないということである。その最たるものは、中央会主催の職員認定試験を誰一人受けようとしない。その原因は、上司が持っていないので『受けなさい』とも言えないことだ」という回答が寄せられていました。

上司は自分が資格を持っていないので、部下に「受けなさい」とは言えない。部下はそれを良いことに、受けようとはしない。まさに悪循環です。部下が上司を超えられない状況を、「職員階層における八掛けの悲劇」と呼んでいます。つまり、部長が一〇〇点の場合、その部下は八掛けの八〇点止まり、その部下も八〇点の八掛けで六四点、そして…。こんな組織に、元気のあるＪＡ経営はもとより、リスクや新規事業への挑戦、あるいは他業態との連携といった、旧来の枠組みを創造的に破壊するような、勇気のあるＪＡ経営は土台無理な話です。

合併しても、〝のんびりＪＡ〞の雰囲気を継承しているＪＡは少なくありません。これらをいかに知の巡りの良い組織にするかが、ＪＡグループの大きな課題です。

## （四）ＪＡの自己実現

研修や資格取得を強調するのは、私の職業病からではありません。職員一人一人が、自分自身そしてＪＡの今について満足しているのですか、ということです。ほとんどの人は、今のままで良いとは考えていないはずです。だとすれば、「自分の中に潜む可能性を自分で見つけ、十分に発揮していく」こと、すなわち自己実現の限りなき追求こそが彼ら彼女らの課題に他ならないはずです。

自分を磨き上げるための投資を惜しむべきではありません。自己啓発のために自己への投資を惜しまぬ者だけに、自己実現の道は開かれます。そしてＪＡにできることは、自己投資の成果としての、組織・事業・経営に関する改善・改革提案を、謙虚に受け入れることで、みずからの受容力を示すことです。なぜなら、ＪＡそのものの自己実現、すなわち「組織の中に潜む可能性を見つけ、十分に発揮していく」ための唯一の道だからです。

## 四　創造的緊張関係の創出と教育文化活動の役割

### （一）強きを助け弱きを挫《くじ》く

二〇〇二（平成一四）年の年明け早々、新興格闘技団体の旗揚げかと見紛《みまが》うような名前の銀行がお目見えした。もちろん合併の産物です。昔の名前は忘却の彼方《かなた》といったところでしょうか。呉《ご》越同舟《えつどうしゅう》、合従連衡《がっしょうれんこう》による経営の合理化・健全化と収益力の向上、それによる預金者保護から金融再生、と言えば聞こえは良い。しかし、「企業の論理」優先の合併劇に多くの期待を寄せるようなお人好しばかりではありません。まして、「これまでの銀行合併からは、期待されたほどの効果が確認されない」（橘木俊詔《たちばなきとしあき》『銀行の合併効果』日本経済新聞二〇〇〇年六月二九日）となればなおさらです。

巨大化が唯一の道であるといわんばかりの合併劇の背後に見え隠れするのは、容易には潰《つぶ》されないくらい大きくなっておこうという銀行側と、公的資金投入などの便宜《べんぎ》を図るためには大きくなってもらわないと国民を説得できないとする監督官庁側との、予定調和的なトゥー・ビッグ・トゥ・フェイル（too big to fail ＝大きすぎて倒産させられない）戦略です。その一方で、二〇〇一（平成一三）年一年間に破綻《はたん》を宣告された信組・信金は四六件に上っています。

今も昔も、〝強きを助け弱きを挫く〟とは、このようなことです。

## （二）「機能」こそ発展の原動力

大銀行・大企業の破綻は国家の一大事、中小零細の破綻は自業自得《じごうじとく》とでも言わんばかりのこの戦略の問題点は、「規模」こそが「機関」としての銀行や企業全般に明日の存在を保証するという認識に立っていることです。市場に提供される財・サービス、すなわち「機能」に価値を認める顧客の存在も、その取引きをめぐる企業と顧客との創造的な緊張関係も、そこからは抜け落ちています。

「機能」をめぐるこの緊張関係こそが、「機関」が発展する原動力であり、明日の存在を保証するものです。

ＪＡグループも例外ではありません。しかし、広域合併、連合会の統合、ＪＡバンク構想、いずれをとってもトゥー・ビッグ・トゥ・フェイル戦略の臭いがします。前述した「ＪＡの組合員離し」という指摘は、その問題点が顕在化しつつあることに対する、現場からの警告といえます。

組合員なき協同組合は存在しない。組合員とＪＡ役職員との間における、「機能」をめぐる創造的な緊張関係こそが、協同組合としてのＪＡを発展させる原動力です。このこと抜きの規模拡大路線は、魂なき抜け殻《がら》と化したＪＡだけを生み出すことになります。

## (三) 組合員満足の重層性とコラボレーション(協働《きょうどう》)効果

このような指摘に対して、「だからやっぱりＣＳ(顧客満足)なんですよね！」と喜色満面《きしょくまんめん》で迫ってくる若手職員の存在が容易に想定されます。しかし、顧客と組合員という性格の違いがもたらす、「満足の中身」の異質性にこそ注目すべきです。

まず教科書的な考察から始めます。組合員は、組織者(主権者)であり、利用者であり、運営者であるという三位一体的性格により、ＪＡの存立に少なからぬ責任を有しています。このため、組合員の満足意識は、顧客とは異なり重層的なものとなります。結論を先取りすれば、参画意識の有無が決定的な違いです。

さらに、専従役職員を中心として運営されているＪＡという機関は、産業分類的には、「サービス事業体」です。無形財であるサービスの取引における特徴の一つとして、サービスの供給者側と需要者側との共同作業がスムーズに行われることで、サービスの質が向上することがあげられます。指導事業や教育文化活動はその典型例です。何をどう改善したいのか、どこに問題点があるのか、あるいは何を知りたいのか、組合員が担当者に正確な情報を提供することによって、的確な対策が講じられます。

共同作業によるサービスの品質向上、これがコラボレーション（協働）効果です。だとすれば、参画意識を有する組合員を主人公とする協同組合は、コラボレーション効果を生み出しやすい条件を有しています。そしてこのことは、協同組合への加入と運営への参画の主要な動機付けとなります。単なる顧客ではなく、組合員として、満足しうる機能を産み出すことに、多少なりとも参画しているという意識の存在は重要です。

## （四）緊張関係の意図的創出

にもかかわらず、参画状況は必ずしもかんばしいものではありません。もともと、農業協同組合においては、組合員を啓発すべき対象として位置付けてきた傾向があります。また、みずからをサービス事業体として定義付けることも忌避《きひ》してきました。そのような組織風土において、参画効果への認識が希薄となるのも当然なのかもしれません。

しかし、そのツケは大きいのです。とくに、組合員を啓発の対象として位置付けてきたとすればきわめて問題です。彼ら彼女らは役職員と切磋琢磨《せっさたくま》して協働するパートナーです。まして今日的状況では、彼ら彼女らもＪＡ役職員も助けられる側ではなく、挫《くじ》かれる側に位置しています。このような状況下において軽蔑《けいべつ》し合ったり、馴《な》れ合ったりする余裕は誰にもありません。厳しい緊張関係を意図的にでも作り出し、新たな信頼関係を構築していかなければならないのです。

それはとりもなおさず、ＪＡを、閉鎖的集団主義の安心社会から、開放的機会重視の信頼社会に脱皮《だっぴ》させる絶好の機会でもあります。この機会を生かすためには、組合員や役職員の社会的知性を不断に向上させるための素材や機会を提供するとともに、閉鎖的集団主義を守り続けようとする抵抗勢力に阿《おもね》ることのない情報提供が不可欠となります。これこそが、教育文化活動に期待される役割です。

121

# 第五章　苛政下における中央会・連合会の進むべき道

## 一　苛政の狙い

二〇一五年八月二八日に改正農協法（二〇一六年四月一日施行）が成立しました。知れば知るほど、そのえげつない内容には驚くばかりです。その狙いは、一方ではTPPの一大抵抗勢力であるJAグループの司令塔と位置付けた全国農業協同組合中央会（以下、全中と略す。また、都道府県中央会は県中と略す）への徹底した弾圧、他方ではJA共済における契約保有高約三〇〇兆円、JAバンク貯金残高約九〇兆円、全国農業協同組合連合会（以下、全農と略す。なお、全農と統合していない都道府県段階は経済連で統一する）の年間取扱高約五兆円に各種施設や関連子会社という資産、さらには監査業務等々の、いわゆる農協市場を財界、関連業界、そして米国に開放することが容易に想定されます(1)。

また、野党のみならず与党からも多くの懸念の声が上がり、法的な拘束力はないとはいえ、衆議院で一五項目、参議院で一六項目に及ぶ附帯決議が採択されたことなどからも、とうてい改正と呼ぶには値しないものです。

まさに安倍政権による苛政を象徴するものの一つですが、百歩譲って悪法も法なり。JAグループは改められた法の枠組みの中で、組合員はもとより地域住民、さらには広く国民にその存在意義を理解してもらう必要があります。本章では、中央会と各事業連合会（以下、連合会と略す）に絞って、その進むべき道を明らかにします。

## 二　中央会・連合会の新たな位置付けと機能(2)

### （一）中央会

前述したように最も狙い撃ちされたのが中央会です。それを象徴しているのが、農協法上から中央会の規定を全面削除し、法的設置根拠をなくしたことです。それによって、全中が特別民間法人から一般社団法人になり、県中は非出資型連合会となりました。この段階で、中央会は制度的に分断されたわけです。

特別民間法人とは、民間の一定の事務・事業について公共上の見地から、これを確実に実施する法人として設立されるものです。ゆえに中央会は、民間ではあるが強い公共性を持ったものとして位置付けられ、国の要請により行政の代行的な組織として制度上位置付けられていたわけです。しかし今後は、公共的性格の法的根拠はなくなり、組合員ならびにＪＡの意思に基づき設置する、自律的な純粋の民間組織となります。

全中の会員は〝当然加入〟ではなく、あくまでも自由意思に基づき会費を支払ったＪＡや連合会となります。また、主たる目的とする事業は、会員組合の意見代表と会員相互間の総合調整となります。なお、従たる目的として、経営相談・調査研究・教育事業等が実施できることになっています。このような変更に伴い、会員にならない組織も出てくる可能性が高まることから、ＪＡグループを代表する組織としての社会的認知度の低下が危惧されます。また、従たる目的の事業に関しても、これまでのような内容で取組むことができにくくなり、絞り込みが求められるかもしれません。

県中の会員は、基本的にはこれまで通り農協法の規定に基づき定款で規定される組織で、ＪＡ・連合会、同種の事業を行う協同組織体、組合が主たる構成員または出資者となっている法人、とされています。事業は、経営相談、監査、代表、総合調整に、附帯事業としての教育・調査、研究事業等です。財源に関してはこれまで通り会員との協議に基づき経費を賦課、となっています。

全中と県中の制度的性格が異なるとともに、全中の権限が削ぎ落とされていることから、必然的に県中の役割が大きくなります。また監査の行方に多くの関心が寄せられていますが、全中、県中両者の「組合に関する事項について、行政庁に建議することができる」(旧農協法、第72条の22②)という、いわゆる建議権が剥奪《はくだつ》されている点を見逃すわけにはいきません。

建議権の付与の意味するところは、中央会を組合に関する事項の専門組織として位置付け、そこからの意見を尊重することで国民の負託に応えていくことを期待しているところにあったわけです。

今後行政庁は、中央会からの意見を〝聞き置く〟程度の扱いでやり過ごすことが十分予想され、専門組織からの意見もまともに受け止めることもなく施策が講じられることに注意しておかなければなりません。

## (二) 連合会

ア　全農・経済連

全農・経済連については、株式会社に組織変更できる規定が盛り込まれました。農協改革に関する与党の取りまとめには、企業などに買収されて経営を支配される事態を防ぐため、株式の譲渡制限など企業による経営支配をいかに防ぐかの工夫が必要とされています。

しかし、世界のマーケットに開かれる可能性が高まることは疑いようもありません。蟻の一穴《いっけつ》。農村市場が垂涎の的だとすれば、いつかはこじ開けられ、切り売りされることが容易に想定されます(3)。またこれまでも常に言いがかりの対象であった、独占禁止法が全面適用されて、共同出荷や共同計算といった協同組合事業方式が否定され、農業所得向上にマイナスの影響を及ぼすことも想定されます。

現在のところ、具体的にどういうケースが違反となるのか、明確化されてはいませんが、その決定権がＪＡグループから離れていることだけは明らかです。

### イ　農林中金・信連、共済連

農林中金・信連、共済連に関しては、支店・代理店方式の積極的導入と、経済界や他業態金融機関との連携が容易となることから、ここでも株式会社への転換を可能とするよう〝金融庁と中長期的に検討する〟と言明されています。

これまで組合員・利用者にとっては、ＪＡが身近な存在であったがゆえに、利用する動機付けが働いていましたが、グループとはいえ間接的な存在である連合会の支店や代理店となったときに、従来同様の利用関係が保証されるのかどうかは極めて疑問と言わざるをえません。少なくとも、利用状況が好転する可能性は乏しいことを覚悟しておかなければなりません。また株式会社化に関しては、全農・経済連の株式会社化と同様の理由から、堅固な歯止め策が不可欠です。

## 三　雲の上、雲の中の人びとに求められるもの

中央会・連合会が置かれた状況を「まるで手も足ももぎ取られ、羽もむしりとられて飛ぶに飛べなくなった甲虫《こうちゅう》動物の姿」と、表現したのは小池恒男《こいけつねお》氏です(4)。言い得て妙ではありますが、中央会・連合会の存在意義を認めるＪＡも組合員世帯も存在しています。今回失ったものを数え上げて嘆き悲しむのではなく、残ったものを駆使して、まずは組合員の経済的・社会的地位の向上に、全力を傾注すべきです。そのための姿勢と機能を次のように整理しました。

### (一) 姿勢

以前、「あなたにとって全国段階の人はどのような存在ですか」とＪＡ職員に問うた時、「雲の上の人」と即答されました。「では、県段階の人はどうですか」との問いには、しばらく考えて「雲の中の人」と答えられました。その心は、「いつもは雲の中に隠れていて、都合の良い時だけ顔

を出します」でした。これには、かつて雲の中の人であった私も返す言葉がありませんでした。

このような関係性は、年々強まっています。とくに全国段階については、建物の構造やセキュリティ対策の影響も否めませんが、その敷居の高さには驚かされます。あの建物の中にいれば、自分の立場を勘違いする役職員が増殖するのも無理からぬことです。

だとしても、少なくとも、「基層領域」と密接な関係性にあるＪＡとの心理的距離は限りなく近くなければならないはずです。なぜなら、そこがＪＡグループの基盤だからです。ＪＡあってのＪＡグループという、当たり前の姿勢が中央会・連合会にはますます求められています。

## (二) 機能

### ア　中央会―「活動連合会」として位置付ける―

第一に中央会に求められるのは総合調整機能です。これまでも、その指導力、とりわけ連合会に対するそれには物足りなさを感じていました。全中の権限が削ぎ落とされた今、「資本主義市場のもとで競争し存立を図っていくために、自らの経営体としての存続を優先しがちである」(5)と、指摘されてきた連合会の有する問題点が、これまで以上に顕著となるはずです。

しかし、組合員は事業のために存在しているのではないという大前提に立つとき、連合会の事業展開には自主規制も含めて、グループとしての規制が求められます。それをリードするのが、中央会による横串としての総合調整機能です。

次に求められるのが教育機能です。従たる事業として位置付けられはしましたが、今回の強いられた改革の中で、協同組合としての教育活動の弱体化が露呈しました。皮肉なことですが、改革を強いられることによって、「教育活動」の重要性が浮き彫りとなりました。

「協同組合経営の特性は、何よりも協同組合を必要とする組合員の意識的な連帯を、事業展開の基盤としていることにある」(6)ため、組合員だけではなく、役職員も含めた全構成員の意識的連帯の継続と高揚のために教育機能は不可欠です(7)。

しかし残念ながら、広域大規模合併が進むなかで、組合員教育の停滞が感じられます。

また職員研修に関しては第三章の三で言及しましたが、JA職員が多数受講する中央会主催の研修会などへの連合会職員の参加が少ないという問題があります。この点については機会あるごとに指摘しましたが、改善されていません。連合会職員には、JA職員が参加している研修会には可能な限り出席し、研修内容や情報を積極的に共有する姿勢が求められます。それは、雲の上、雲の中から地上に降りる最初の一歩でもあります。

そして代表機能です。今後も大多数のJAや連合会が会員であり続けることを前提に、JAグループを代表した政策要求活動は不可欠です。さらには、その存在意義や多様な取組みについての正しい理解を求めるべく、組織内はもとより広く国民に向けた統一的な広報活動を、代表機能の一環として展開することが求められます。

さてこのように整理したときに、非出資型連合会とされる県中は、何の連合会なのでしょうか。これまで「連合会イコール事業連」で来たため、「県中も事業をして稼がなければならない。さてどんな事業に取組むべきか」と、悩み続けている県中関係者は少なくありません。

県中が担ってきた機能を冷静に考えれば、それらは各ＪＡそれぞれでは完結できない、そして収益には直接結びつかない「多様な活動」を県域で束ねてきたわけです。ゆえに、県中は「活動連合会」（活動連）です。収益に直接結びつかないが、不可欠な公共的活動であるため、ＪＡグループにおける「税金」ともいえる賦課金で賄ってきたわけです。

県中に対して、みずから稼ぐことのできない「賦課金団体」と侮蔑《ぶべつ》の声をかけたり、「賦課金を払わないぞ」と恫喝《どうかつ》することは、協同組合における「活動」の重要性とその非事業的性格をまったく理解しない愚かな言動です。

### イ　連合会

全農をはじめとする事業連としての連合会の機能は、いかなる状況になろうとも機能別専門事業組織として、組合員をはじめとする事業利用者の満足度を高めるために、全力を傾注することに尽きます。もちろん事業利用者との関係は間接的なものです。これも第三章の六で言及しましたが、だからこそ、ＪＡグループ全体のマーケティングサイクルを的確かつ迅速に回すために、現場に足繁く通い、直接間接あらゆる方法で事業利用者の要望を感受し、それに応えた商品や仕組みを提供すべきです。もちろんすべてに応えることは容易ではありませんが、限りなく接近する努力を怠るべきではありません。

また前述した中央会の総合調整に関連させると、連合会同士の連携による総合事業体ならではの商品や仕組みの開発が期待されています。決して目新しい提案ではありませんが、連合会みずからの横串展開として重要な取組みです。

## 四　進むべき道―農協法破れてＪＡ綱領《こうりょう》あり―

「苛政は虎よりも猛《たけ》し」という故事成語《こじせいご》は、苛酷《かこく》な政治の害は虎の害よりもひどいことを教えています。故事の主人公は、苛政よりも虎を選んだわけですが、ＪＡグループに虎を選ぶ道はありません。もちろん、苛政に付き従うべきでもありません(8)。

選ぶべきは、官邸・官庁そして政権与党から見切りをつけられたこの時を、官製協同組合としての呪縛《じゅばく》から自己を解放する最後の機会と位置付けて、自主自立のＪＡグループを創りあげるために正々堂々と進む道です。

もちろん茨《いばら》の道ではありますが、道しるべはすでに手中にあります。それは、ＪＡグループの社会的使命を自らの手で創りあげた、格調高き『ＪＡ綱領』です。

なかでも、〝民主的で公正な社会の実現に努めます〟や〝環境・文化・福祉への貢献を通じて、安心して暮らせる豊かな地域社会を築こう〟という文言は、広く国民の共感を得られるものです。

中央会・連合会がＪＡと一体になってＪＡ綱領の実現に誠実かつ愚直《ぐちょく》に取組んだ暁《あかつき》には、法的に認知された公共性に優るとも劣らない、尊くかつ貴重な公共的組織というお墨付きを、人びとから贈られるはずです。

なぜなら、この国は民主主義の国だからです。

注

(1)朝日新聞社記事データベース聞蔵Ⅱより『週刊朝日』二〇一五年二月六日号。

『全農リポート二〇一五』全国農業協同組合連合会。

平川克美《ひらかわかつみ》氏はその著書において、新経済連盟主催「新経済サミット二〇一三年」の前夜祭における、「…我々の目標は、企業が最も活動しやすい国にしていくこと、そして、今日集まっていただいたような（諸外国の）皆さんが最も活動しやすい国にしていくこと。…」に象徴される安倍首相のスピーチから、「一国の総理大臣が、国民経済よりも、多国籍企業を優先させるような発言を公然としたことが、歴史上かつてあっただろうかと、暗然とした気持ちになったのである。」と述べている。（『グローバリズムという病』東洋経済新報社、二〇一四年、一三七～一三八頁。）

（2）制度変更については、次の資料に多くを依拠している。

（i）『第二七回ＪＡ全国大会組織協議案第2部』全国農業協同組合中央会、二〇一五年七月、一一〇～一一五頁。

（ii）小池恒男「中央会制度の見直しのねらいは何か」『農村と都市をむすぶ』全農林労働組合、二〇一五年六月、一二～一九頁。

（iii）日本農業新聞「解説農協改革」二〇一五年二月二七日～三月一三日。同新聞「解説組織協議案ＪＡ全国大会へ」、同年七月八日～七月二三日。同新聞、同年九月一一日。

（3）ところで筆者はかつて、連合会とりわけ全農の機能強化面に注目し、株式会社化を是としたことがある（前著の一一五頁、一三〇頁、二一三頁）。しかし今回の執筆を契機に改めて検討した結果、機能面でのプラスよりもデメリット面が極めて大きいことがわかった。とりわけ、株式市場で海外投資家の餌食《えじき》となることを考えるとき、決して認めるわけにはいかない。

（4）小池前掲論文、一八頁。

（5）『新版協同組合事典』家の光協会、一九八六年、五一八頁（武内哲夫《たけうちてつお》稿）。

（6）（5）に同じ、五一六頁（武内哲夫稿）。

（7）『農業協同組合新聞』において、福間莞爾《ふくまかんじ》「教育論なき自己改革」（二〇一五年八月四日）、梶井功《かじいいそし》「『教育』を追放する農協法改正でいいのか」（同年八月一〇日）、両氏が危機感を募らせている。まったく同感である。

（8）筆者は、これまでの経緯から苛政追従の道を歩む可能性が少なくないことを危惧している（拙稿「今、求められている覚悟」『地域農業と農協』農業開発研修センター、二〇一五年四月）。

# 第六章 「地域共生社会」の構築とＪＡ職員の役割

## 一 コロナ禍《か》で知ったＪＡの強さ

「生命保険各社が苦戦する中、事前に電話連絡を行い訪問の許可取りをした上での活動が実を結び、全項目達成という結果に繋がりました。計画的な推進活動もありますが、見えないウィルスの恐怖で生命保険各社は、事前の電話段階で面談を断られ苦戦を強いられたと聞きます。やはり、ＪＡと生命保険会社の違いは、諸先輩方が築かれた組合員や地域住民、ひいては地域全体のＪＡに対しての信頼と言う『強さ』が根底にあると感じました」

「ある支店で職員のコロナウイルスの感染が分かり、急遽《きゅうきょ》代替職員での支店対応となりました。不安やお叱りを受けるかと思っていたのですが、逆に『大変やったね』とか『頑張ってね』など温かい声をかけていただきました。これは地域に根づいたＪＡの強さだと感じました。その一方で、支店統廃合により、対応が手薄になりました。対面が売りだと考えていますので、その点を強化するよう取組みたいと考えています」

この文は、私が担当した二〇二一年八月二四日実施のＪＡ兵庫中央会教育部が行っているＪＡ職員研修「あおい塾」において、コロナ禍の影響などに関して問うた事前アンケートの一部を改変・抜粋したものです。

これらは、地域に根づいたＪＡに対する、組合員をはじめとする地域全体からの信頼がＪＡの強みであることを教えてくれています。そしてその信頼や強みは一朝一夕《いっちょういっせき》に構築されたのではなく、先輩職員たちの日々のたゆまぬ努力の果実であることも教えています。

## 二　地域「共生」社会の意味

地域社会と一心同体のＪＡですが、二〇二一年一〇月に開催された第二九回ＪＡ全国大会において、次の一〇年に向かって挑戦する「めざす姿」が決議されました。それは「持続可能な農業の実現」「豊かでくらしやすい地域共生社会の実現」「協同組合としての役割発揮」を目指す姿です。

ここで注目するのは、「地域社会」という言葉ではなく、「地域共生社会」という言葉を用いていることです。

その背景には、高齢化や人口減少により、地域社会が疲弊《ひへい》し、その存続すら危ぶまれる地域が少なくないという危機意識があります。当然、ＪＡにとっても危機的な状況です。さらに、組合員や地域社会からの多様化し、かつ進化するニーズを考えるとき、ＪＡが単独で対応できることには、これまで以上に限界があります。

「自然と人間との共生」という言葉が語られはじめた今から三〇数年前、長野県のあるＪＡ組合長が、自分は「共生」を「ともいき」と読むことで理解した、と言われたそうです。

なるほど、一人勝ちができない状況が進み、地域社会に関わる住民や多様な主体が「ともにいきつづける」ためには、分野だとか、支援する側だとか、される側だとかを固定せずに連携し、地域をつくっていかねばならない。そんな願いが「共生（ともいき）」には込められているわけです。

「豊かでくらしやすい地域共生社会の実現」という目標には、縮みゆく地域社会においてＪＡが従来通り総合事業を遂行しながらも、その限界を謙虚に認め、一人勝ちを目指すのではなく、地域の人びとや他業態と利益や損失を分かち合いながら生き残りつづけるために連携していく、その覚悟が込められていると私は思っています。

人口減少、すなわち「胃袋」と「財布」の数が確実に減っていく時代、そうでなければ生き残って、その使命を果たし続けることはできないのです。

## 三　職員教育の目指すべきもの

兵庫県の第35回ＪＡ大会（二〇二一年一一月一七日開催）では、大会実践期間中における重点取組み項目の一つに、「協同組合運動を推進できる人づくり」をあげています。「協同組合理念に基づき、激変する環境に対応し、改革を推進する人材を育成する」ことの一つの方向性として、「地域共生社会を実現するため、生協、漁協、森林組合等の協同組合間で組合員・役職員の交流を積極的に行い、協同組合運動を進めるための課題を共有し、実践するリーダーを育成する」ことがあげられています。

かなり以前から、協同組合間提携とか連携が課題にあげられてきましたが、必ずしも進展しているとはいえません。

地域の役場や漁協、森林組合はもとより、地元企業などとの共同職員研修、さらには人事交流といった、より踏み込んだ連携があってこその「共生」です。

## 四　職員に求められる姿勢

「時代の変化、地域社会の変化にＪＡも対応していかなければならない状況で、今後ＪＡがビジネスの世界で生き延びていくために何をすべきか、職員に求められるスキルは何か」とは、冒頭で紹介したアンケートで、私へのリクエストとして書かれたものです。

「まずは自分の専門を深掘《ふかぼ》りすること」、これが私の回答です。自分の仕事で組合員や利用者の信頼を得ることです。

そのためにも、農業・ＪＡに関する基本的な情報には、アンテナを高くしておく必要があります。兵庫県に限らず、日本農業新聞にすら目を通していないＪＡ職員がたくさんいることには驚いています。

そして本稿のテーマに関連すれば、地域共生社会づくりに、自分の仕事やＪＡがどのような形で関われるのか、そんな問題意識を持ち続けることです。

そのような努力が少しでも成果を生む時、人々の農業やＪＡへの関心も確実に高まるはずです。

## 五　必要な連合会職員への協同組合教育

「連合会職員として生産者対応はどこまでした方がよいのか、生産者対応を行うにあたってＪＡとの機能分担をどこまで明確にできるのか」という質問が、他県での研修会で出されました。「協同組合運動を推進できる人づくり」はＪＡ職員を想定しているようですが、ＪＡ職員以上に協同組合教育が必要なのは連合会の職員です。なぜなら仕事を通じて、組合員と直接出会う機会が確実に少ないからです。

連合会職員がＪＡ職員と席や場所を同じくして協同組合のあり方を学ぶことで、「地域共生社会」づくりは確実に進展します。なぜなら、ＪＡ事業の特徴の一つであり、最大の武器ともいうべき総合力が、確実により強固なものになるからです。

# 初出一覧

第一章　「『農は国の基』――土台としての農業の強さこそ」『前衛』（日本共産党中央委員会、二〇一七年二月号）を大幅に加筆修正。

第二章　書き下ろし。なお、補節は前著の第三章を加筆修正。

第三章　前著の第一章を大幅に加筆修正。「八　協同の力でＱＯＬ（生活の質）の向上」は、「農協改革・自己改革と農協労働者の役割」『労農のなかま』（全農協労連、二〇一八年一月号）の一部を加筆修正。補節一は、「Ａコープを閉店させたのは誰だ」『地方の眼力』（ＪＡｃｏｍ＆農業協同組合新聞、二〇二三年一二年一三日付）を加筆修正。補節二は、前著の第十章より一部を加筆修正。補節三は、前著の第十二章を加筆修正。

第四章　前著の第二章を大幅に加筆修正。

第五章　「苛政下における中央会・連合会の進むべき道」『農業と経済』（昭和堂、二〇一五年一一月号）を加筆修正。

第六章　「『地域共生社会』の構築とＪＡ職員の役割」『協同』（兵庫県農業協同組合中央会、二〇二二年三月）を加筆修正。

# 新訂版　むすびに代えて

第五章の注（8）で、拙稿「今、求められている覚悟」『地域農業と農協』（農業開発研修センター、二〇一五年四月）を紹介しました。およそ一昔前のものですが、たった今の気分を代弁してくれているのに驚きました。

若干加筆修正したものをお示しし、新訂版のむすびに代えさせていただきます。

「家の光」（二〇一五年三月号）において山下惣一氏が三〇有余年前のエピソードを紹介しています。要約すれば、自動車販売会社社長からの〝日本の農民は乞食《こじき》である〟という書き出しで始まる手紙に、〝敗戦後日本の工業は寝食《しんしょく》を忘れて技術開発を続け、世界に冠たる工業立国を成し遂げたが、その間農民は米価闘争や補助金に関わる物乞《ものご》いに余念がなかった、故に乞食である〟と書かれていました。これに対して氏は、〝農民が乞食だとすれば、その乞食に車を売っているあなたは乞食に喰らいつくダニ。乞食はダニがいなくても生きていけるが、ダニは乞食がいないと生きていけない。ダニの分際《ぶんざい》で大きなこと言うな！〟と返したそうです。痛快ではあるが、悲しいかな今も農業軽視の構図は変わっていません。

この社長も好むであろう「強い農業」という表現も同根です。筆者はわが国の農業を少なくとも「弱い」と感じたことがないため常々この表現に違和感を覚えてきました。この国に生まれ育って三〇年間、一度も飢餓《きが》の恐怖を感じたことがないことが唯一最大の理由です。「弱い」農業にできる芸当ではないはずです。もし農業に強さを求めねばならないとするならば、「根強い」という言葉がもっとも相応《ふさわ》しい。農村社会の基層領域にある各種の地域資源を用い、自然や地域コミュニティ、さらには伝統文化などと深いつながりを持ちながら生み出した農畜産物を国民の食生活に結びつけてゆく、その関係性に象徴される強さです。

しかし、「経済の進歩につれて、第一次産業から第二次産業へ、第二次産業から第三次産業へと、資本、労働力および所得の比重が増大してゆくという経験的法則」（ペティの法則あるいはペティ・クラークの法則と呼ぶ）が教えるとおり、生産要素は産業構造が高度化するにつれて、第一次産業から、第二次、第三次へと移転していきます。このことには疑問を挟む余地はないものの、経済進歩の証しとして手放しで喜ぶわけにはいきません。なぜなら生産要素の他産業への野放図《のほうず》な移転を看過していたら、食料安全保障も多面的機能の発揮も保証の限りではないからです。

国民を飢餓の恐怖に陥れない、国土を保全する、そして国内産業のバランスある構成と発展をめざすという政府の責任を果たすためには、「規制」による保護が不可欠です。規制の重要度が高いほど岩盤とならざるをえません。岩盤規制はドリルで破壊する対象ではなく、まずは守るべき対象として認識しておかねばなりません。岩盤の意味を取り違え、そこを拠点とする産業を抵抗勢力とラベリングし、ドリルで成敗《せいばい》する、と息巻く安倍首相の言動は、国民国家を預かる者のものとは到底思えません。

さらに驚きを禁じ得ないのは、農林水産省までが官邸主導の動きに追従《ついじゅう》しているという事実です。それも、〝省内では、今夏予定の幹部人事を念頭に、「菅《すが》氏の意に沿わなければ人事で報復される」（省幹部）との危機感が広がった〟（讀賣新聞二〇一五年三月六日付）からだとするならば、与《よ》太者《たもの》集団の因縁《いんねん》つけとしか思えない「農協改革」を、猟官《りょうかん》運動の手土産にする官僚、そして農林水産省そのものの存在意義が問われかねない自殺行為といえるでしょう。

田代洋一《たしろよういち》氏は、勝手に銘打たれた「農協改革集中推進期間」を「五年戦争」の宣戦布告であり、今をその緒戦《しょせん》と位置付け、ここで結束して踏ん張らないと後がない（農業協同組合新聞、二〇一五年二月一〇日付）、と警鐘《けいしょう》を乱打しています。しかし、二〇一四年一二月の衆議院選挙における関係者の投票行動に失望した一人として、その警鐘がどこまで伝わるのか暗澹《あんたん》たる思いです。

筆者の疑問に対して、「どうせ当選する組織や候補者に反対の意を表明したら後がこわい」ので「苦渋の決断」「オトナの対応」をした、という台詞が複数のルートで返ってきました。ＴＰＰやいわれなき「農協改革」の被害者が加害者の推薦、支持を表明し組織的に行動するというストックホルム症候群的行動は、たとえ生き残るための戦略だとしても、信頼や期待を寄せる人びとを裏切るものであったことを忘れるべきではありません。

もしこのような状況から脱出したいと関係者が心底《しんそこ》思うなら、やるべきことは次の二つ。

一つは、このような症状の治療法にならって、自分たちを見限った政党や監督官庁と共依存《きょういぞん》状態に陥っていることを自覚し、それらから距離を置き、これまでの経過や現状を客観的に総括し、刷り込まれてきた意識や感情から少しずつ抜け出せるようにしてゆくこと。

もう一つは、成長社会ではなく成熟・定常《ていじょう》型社会を見据え、現場感覚に満ちた食料・農業・農村のビジョンと政策を策定し、世に問うこと。

吉田松陰語録《しょういんごろく》になぞらえれば、今、関係者に求められている覚悟は次のようになります。

「己《おのれ》に真《まこと》の志《こころざし》あれば、無志《ダニ》はおのずから引き去る。恐るるにたらず。」

二〇二四年五月

小松泰信

■著者紹介

小松　泰信（こまつ・やすのぶ）

１９５３年長崎県生まれ。鳥取大学農学部卒、京都大学大学院農学研究科博士後期課程研究指導認定退学、博士（農学）。（社）長野県農協地域開発機構研究員、石川県農業短期大学助手・講師・助教授、岡山大学農学部助教授・教授、同大学大学院環境生命科学研究科教授を経て、２０１９年３月定年退職。同年４月より（一社）長野県農協地域開発機構研究所長。岡山大学名誉教授。専門は農業協同組合論。

著書に『非敗の思想と農ある世界』（２００９年、大学教育出版）、『地方紙の眼力』（共著、２０１７年、農山漁村文化協会）、『隠れ共産党宣言』（２０１８年、新日本出版社）、『農ある世界と地方の眼力』（２０１８年、大学教育出版）『農ある世界と地方の眼力２』（２０１９年、大学教育出版）、『共産党入党宣言』（２０２０年、新日本出版社）、『農ある世界と地方の眼力３』（２０２０年、大学教育出版）、『農ある世界と地方の眼力４』（２０２１年、大学教育出版）、『農ある世界と地方の眼力５』（２０２３年、大学教育出版）、『農ある世界と地方の眼力６』（２０２３年、大学教育出版）などがある。

**新訂版　非敗の思想と農ある世界**

—苛政下の農業協同組合論—

二〇二四年七月一〇日　初版第一刷発行

■著　者——小松泰信
■発行者——佐藤　守
■発行所——株式会社大学教育出版
〒七〇〇－〇九五三　岡山市南区西市八五五－四
電　話（〇八六）二四四－一二六八㈹
ＦＡＸ（〇八六）二四六－〇二九四
■印刷製本——モリモト印刷㈱
■ＤＴＰ——林　雅子



ISBN978－4－86692－308－6